Renate & Uwe H. Sültz

Bücher von A bis Z

コンパクトカセットコレクティブルブック

Compact Cassettes Collectible Book - Compact Cassetten Sammelbuch

BoD - Books on Demand
Norderstedt 2020

Bibliografische Information durch die Deutsche Nationalbibliothek
Die Deutsche Nationalbibliothek verzeichnet diese Publikation in der
Deutschen Nationalbibliografie; detaillierte bibliografische Daten
sind im Internet über http://dnb.dnb.de abrufbar.

SUELTZ Books

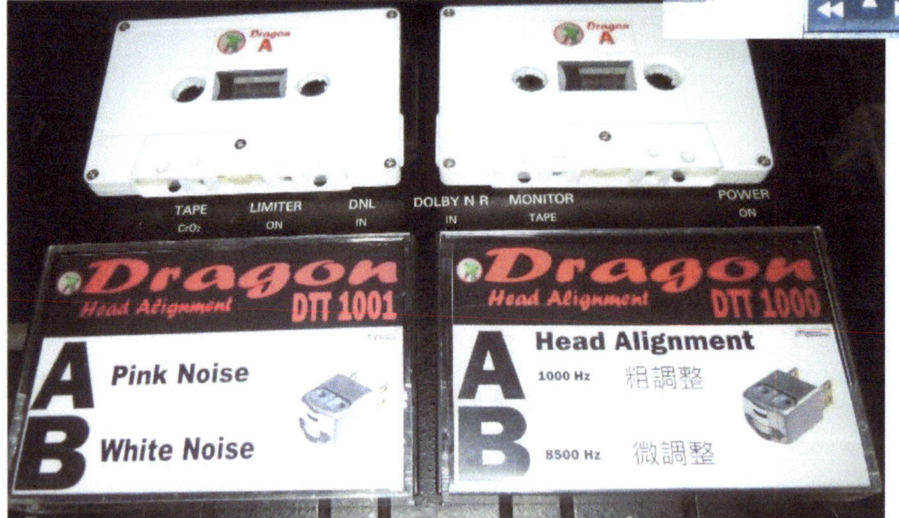

© 2020 Renate & Uwe H. Sültz
Herstellung und Verlag:
BoD – Books on Demand, Norderstedt
ISBN 9-78375-1-94877-7

<table>
<tr><th>NUMBER</th><th>TITLE &
NOISE</th><th colspan="2">CONTENT</th></tr>
<tr><th></th><th></th><th>A</th><th>B</th></tr>
</table>

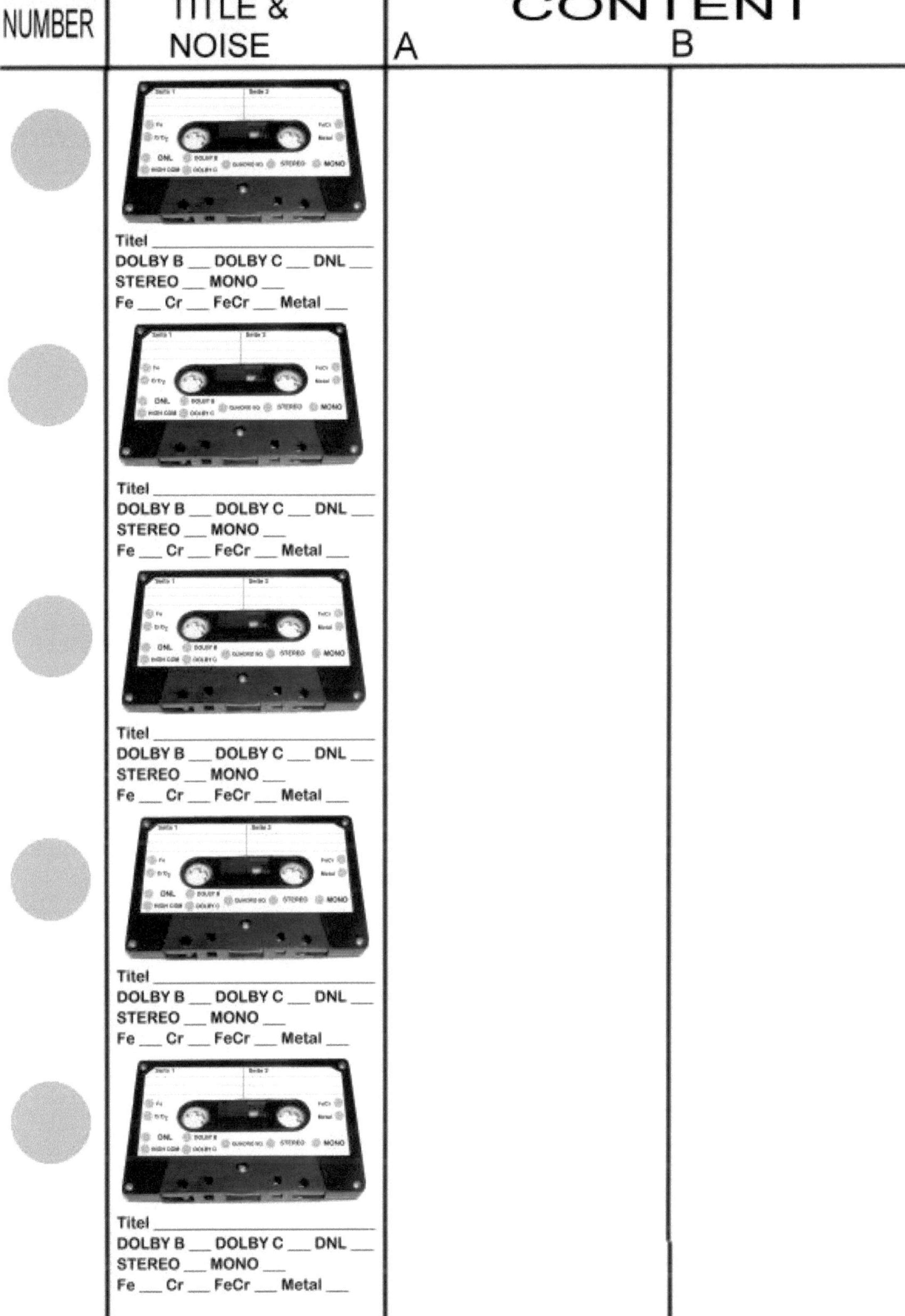

Titel _______________________
DOLBY B ___ DOLBY C ___ DNL ___
STEREO ___ MONO ___
Fe ___ Cr ___ FeCr ___ Metal ___

Titel _______________________
DOLBY B ___ DOLBY C ___ DNL ___
STEREO ___ MONO ___
Fe ___ Cr ___ FeCr ___ Metal ___

Titel _______________________
DOLBY B ___ DOLBY C ___ DNL ___
STEREO ___ MONO ___
Fe ___ Cr ___ FeCr ___ Metal ___

Titel _______________________
DOLBY B ___ DOLBY C ___ DNL ___
STEREO ___ MONO ___
Fe ___ Cr ___ FeCr ___ Metal ___

Titel _______________________
DOLBY B ___ DOLBY C ___ DNL ___
STEREO ___ MONO ___
Fe ___ Cr ___ FeCr ___ Metal ___

<table>
<tr><th>NUMBER</th><th>TITLE &
NOISE</th><th>CONTENT
A</th><th>B</th></tr>
</table>

Titel _______________________
DOLBY B ___ DOLBY C ___ DNL ___
STEREO ___ MONO ___
Fe ___ Cr ___ FeCr ___ Metal ___

Titel _______________________
DOLBY B ___ DOLBY C ___ DNL ___
STEREO ___ MONO ___
Fe ___ Cr ___ FeCr ___ Metal ___

Titel _______________________
DOLBY B ___ DOLBY C ___ DNL ___
STEREO ___ MONO ___
Fe ___ Cr ___ FeCr ___ Metal ___

Titel _______________________
DOLBY B ___ DOLBY C ___ DNL ___
STEREO ___ MONO ___
Fe ___ Cr ___ FeCr ___ Metal ___

Titel _______________________
DOLBY B ___ DOLBY C ___ DNL ___
STEREO ___ MONO ___
Fe ___ Cr ___ FeCr ___ Metal ___

<table>
<tr><th>NUMBER</th><th>TITLE &
NOISE</th><th>CONTENT
A</th><th>B</th></tr>
</table>

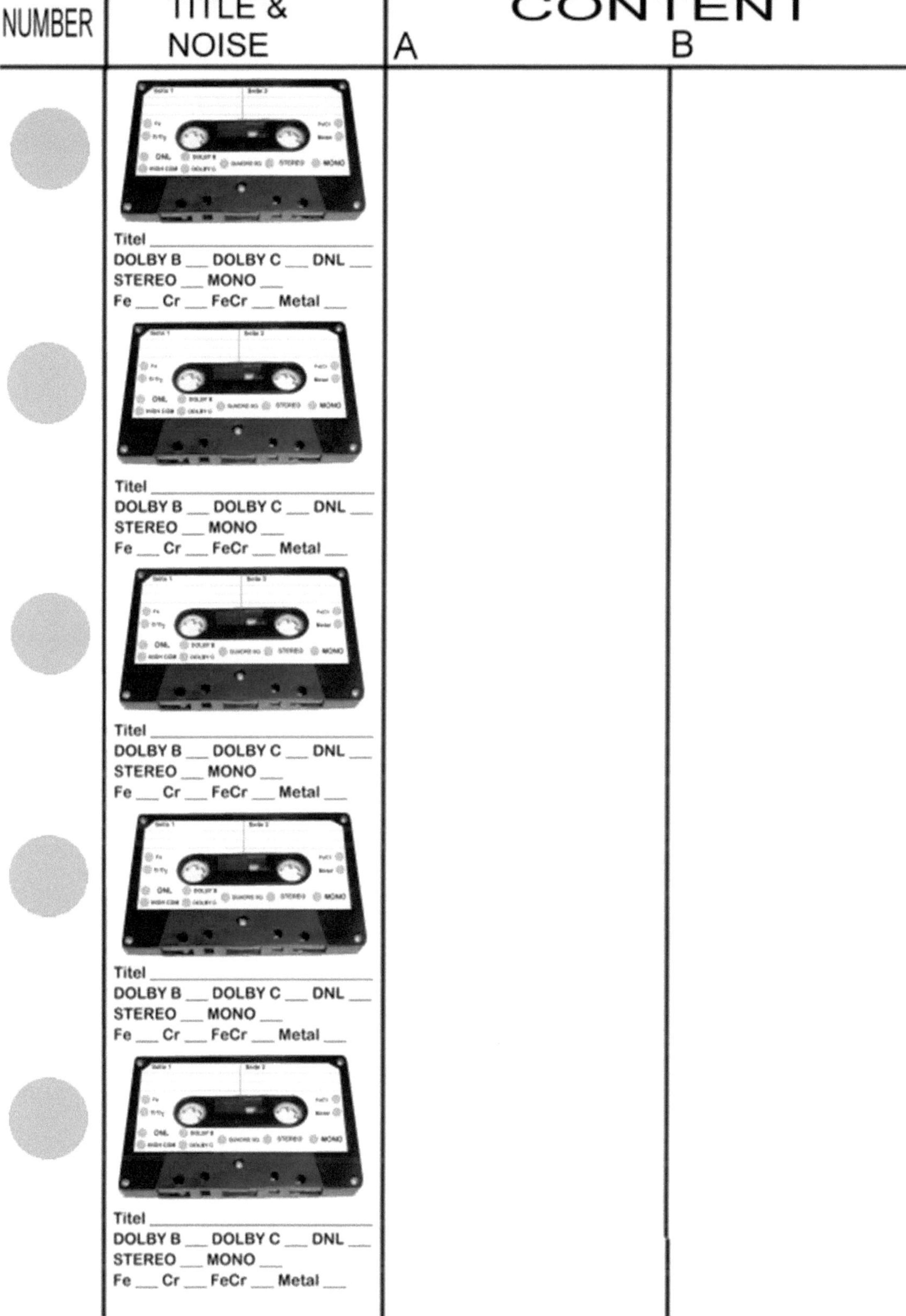

Titel ________________
DOLBY B ___ DOLBY C ___ DNL ___
STEREO ___ MONO ___
Fe ___ Cr ___ FeCr ___ Metal ___

Titel ________________
DOLBY B ___ DOLBY C ___ DNL ___
STEREO ___ MONO ___
Fe ___ Cr ___ FeCr ___ Metal ___

Titel ________________
DOLBY B ___ DOLBY C ___ DNL ___
STEREO ___ MONO ___
Fe ___ Cr ___ FeCr ___ Metal ___

Titel ________________
DOLBY B ___ DOLBY C ___ DNL ___
STEREO ___ MONO ___
Fe ___ Cr ___ FeCr ___ Metal ___

Titel ________________
DOLBY B ___ DOLBY C ___ DNL ___
STEREO ___ MONO ___
Fe ___ Cr ___ FeCr ___ Metal ___

NUMBER	TITLE & NOISE	A	B
CONTENT			

<table>
<tr><th>NUMBER</th><th>TITLE &
NOISE</th><th colspan="2">CONTENT
A   B</th></tr>
</table>

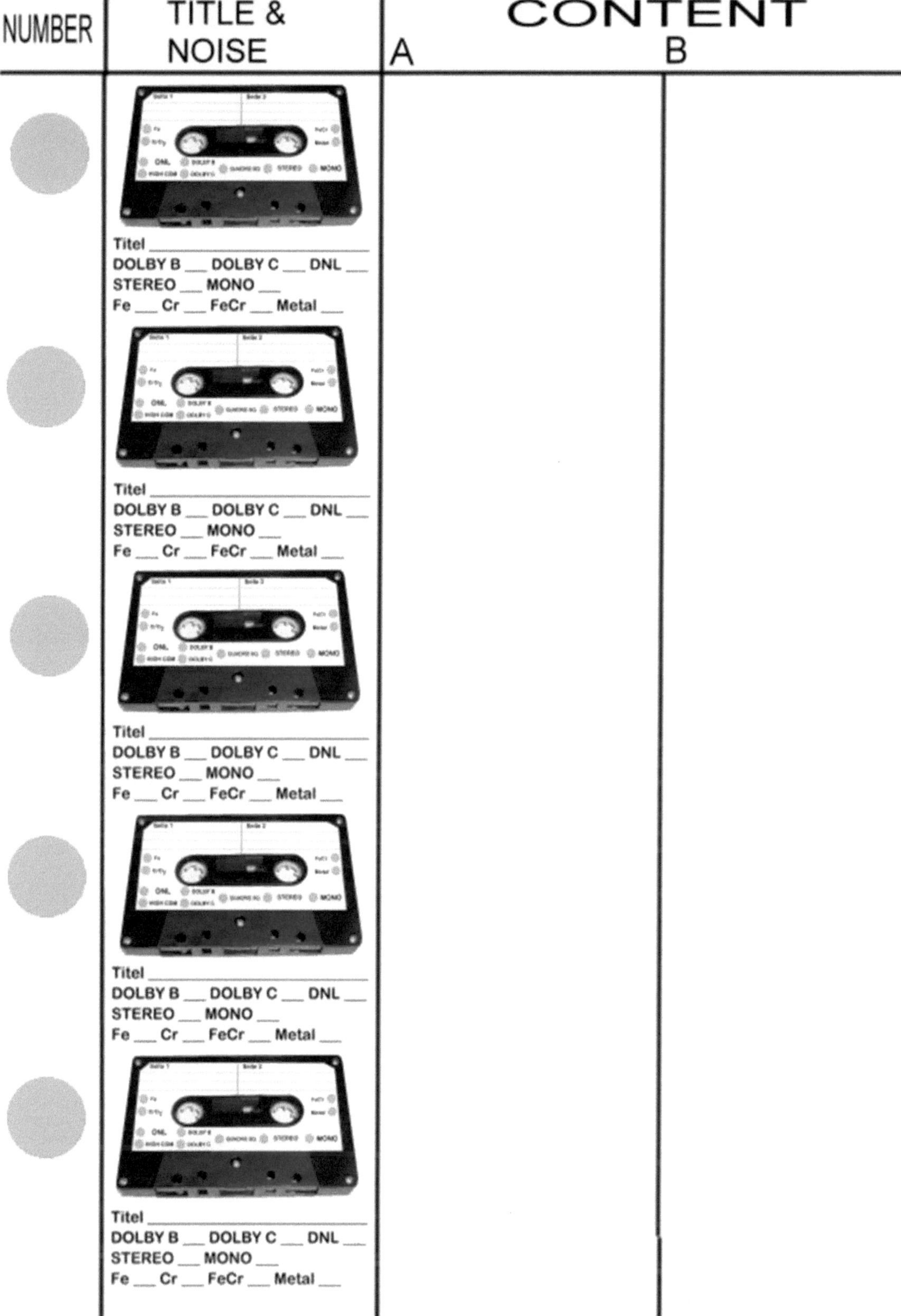

Titel __________
DOLBY B ___ DOLBY C ___ DNL ___
STEREO ___ MONO ___
Fe ___ Cr ___ FeCr ___ Metal ___

Titel __________
DOLBY B ___ DOLBY C ___ DNL ___
STEREO ___ MONO ___
Fe ___ Cr ___ FeCr ___ Metal ___

Titel __________
DOLBY B ___ DOLBY C ___ DNL ___
STEREO ___ MONO ___
Fe ___ Cr ___ FeCr ___ Metal ___

Titel __________
DOLBY B ___ DOLBY C ___ DNL ___
STEREO ___ MONO ___
Fe ___ Cr ___ FeCr ___ Metal ___

Titel __________
DOLBY B ___ DOLBY C ___ DNL ___
STEREO ___ MONO ___
Fe ___ Cr ___ FeCr ___ Metal ___

<table>
<tr><th>NUMBER</th><th>TITLE &
NOISE</th><th>CONTENT
A</th><th>B</th></tr>
</table>

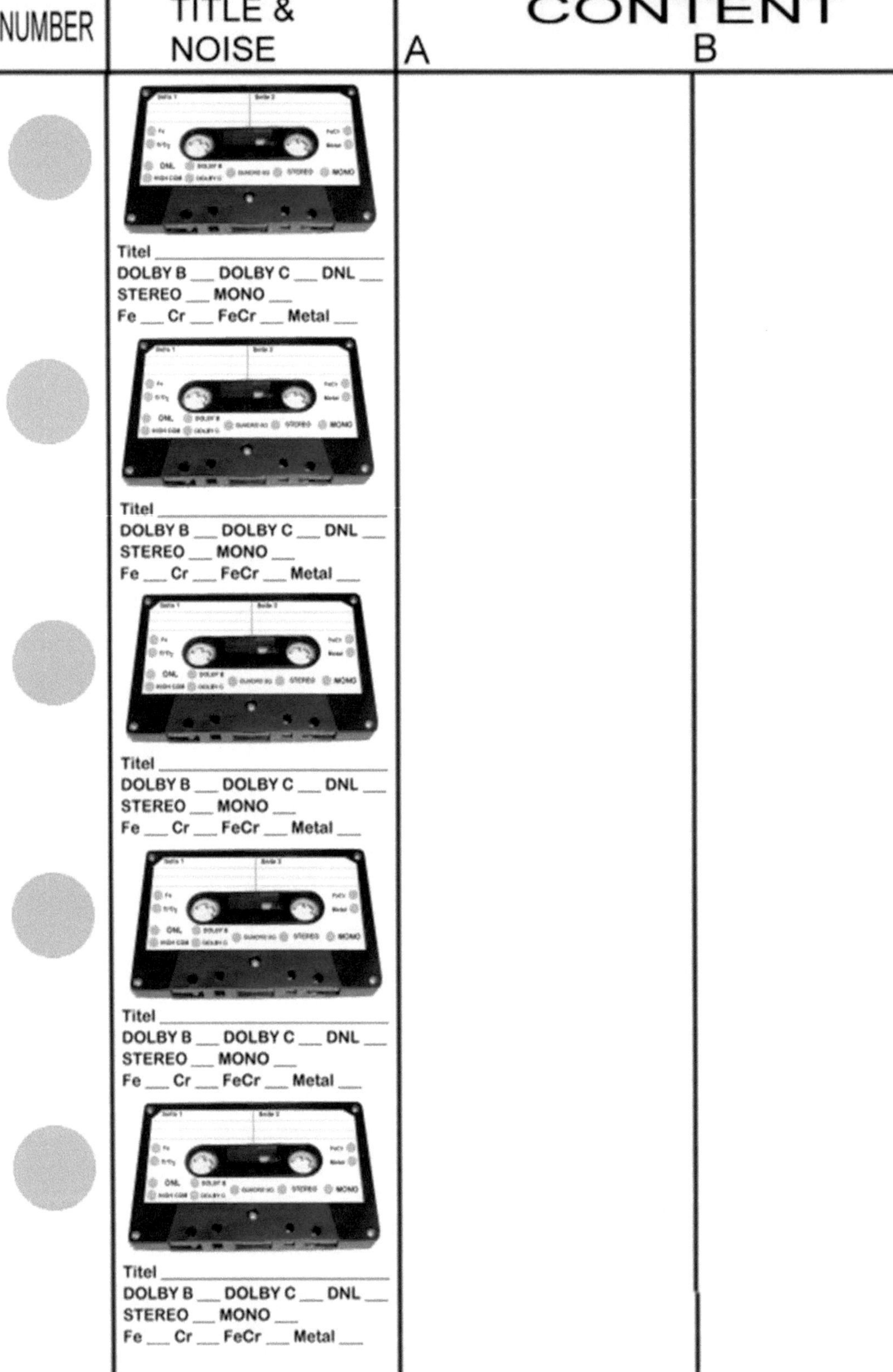

Titel ______________________________
DOLBY B ___ DOLBY C ___ DNL ___
STEREO ___ MONO ___
Fe ___ Cr ___ FeCr ___ Metal ___

Titel ______________________________
DOLBY B ___ DOLBY C ___ DNL ___
STEREO ___ MONO ___
Fe ___ Cr ___ FeCr ___ Metal ___

Titel ______________________________
DOLBY B ___ DOLBY C ___ DNL ___
STEREO ___ MONO ___
Fe ___ Cr ___ FeCr ___ Metal ___

Titel ______________________________
DOLBY B ___ DOLBY C ___ DNL ___
STEREO ___ MONO ___
Fe ___ Cr ___ FeCr ___ Metal ___

Titel ______________________________
DOLBY B ___ DOLBY C ___ DNL ___
STEREO ___ MONO ___
Fe ___ Cr ___ FeCr ___ Metal ___

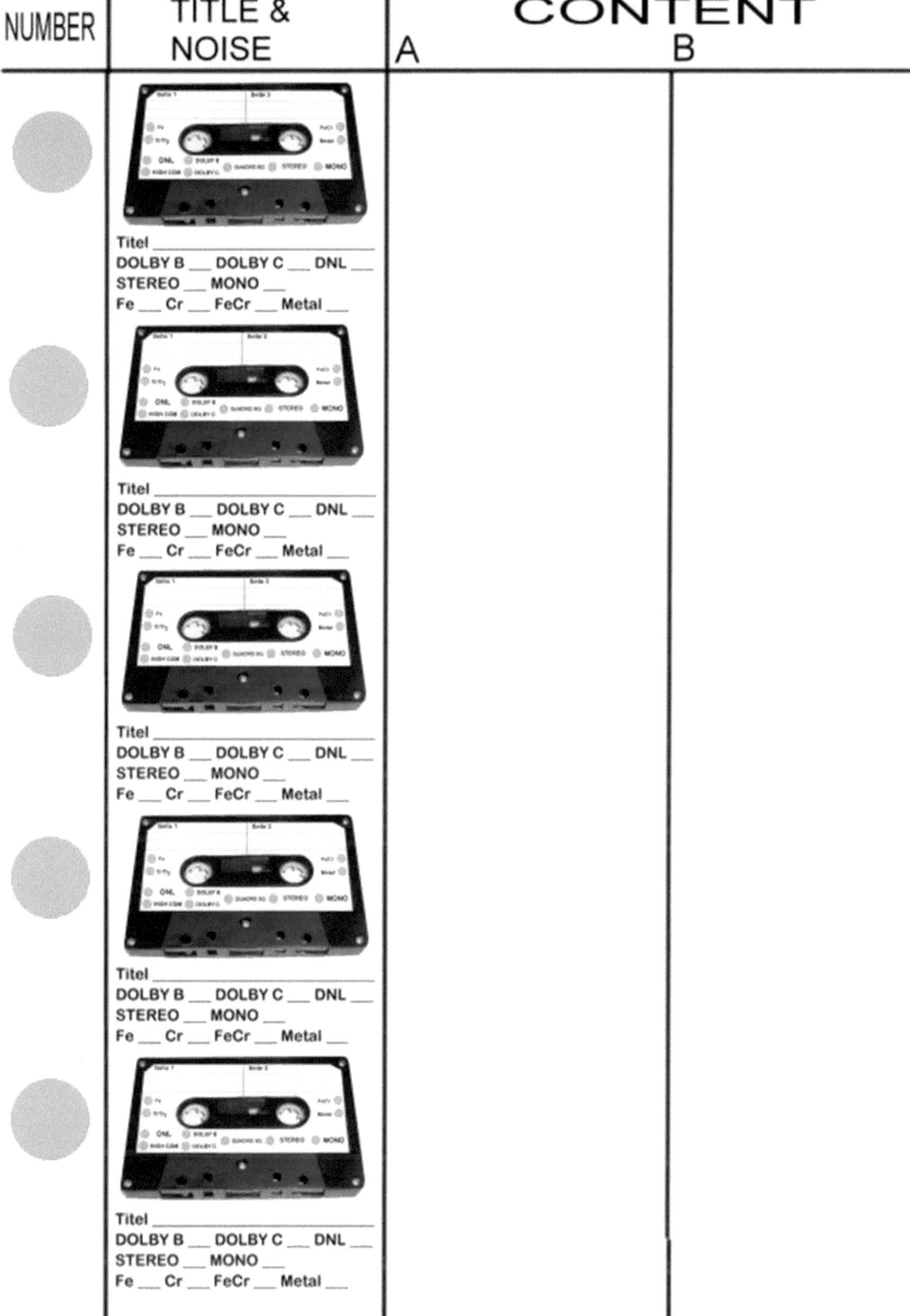

NUMBER	TITLE & NOISE	CONTENT	
		A	B

Titel _______________________
DOLBY B ___ DOLBY C ___ DNL ___
STEREO ___ MONO ___
Fe ___ Cr ___ FeCr ___ Metal ___

Titel _______________________
DOLBY B ___ DOLBY C ___ DNL ___
STEREO ___ MONO ___
Fe ___ Cr ___ FeCr ___ Metal ___

Titel _______________________
DOLBY B ___ DOLBY C ___ DNL ___
STEREO ___ MONO ___
Fe ___ Cr ___ FeCr ___ Metal ___

Titel _______________________
DOLBY B ___ DOLBY C ___ DNL ___
STEREO ___ MONO ___
Fe ___ Cr ___ FeCr ___ Metal ___

Titel _______________________
DOLBY B ___ DOLBY C ___ DNL ___
STEREO ___ MONO ___
Fe ___ Cr ___ FeCr ___ Metal ___

NUMBER	TITLE & NOISE	CONTENT A	B

Titel _______________________
DOLBY B ___ DOLBY C ___ DNL ___
STEREO ___ MONO ___
Fe ___ Cr ___ FeCr ___ Metal ___

Titel _______________________
DOLBY B ___ DOLBY C ___ DNL ___
STEREO ___ MONO ___
Fe ___ Cr ___ FeCr ___ Metal ___

Titel _______________________
DOLBY B ___ DOLBY C ___ DNL ___
STEREO ___ MONO ___
Fe ___ Cr ___ FeCr ___ Metal ___

Titel _______________________
DOLBY B ___ DOLBY C ___ DNL ___
STEREO ___ MONO ___
Fe ___ Cr ___ FeCr ___ Metal ___

Titel _______________________
DOLBY B ___ DOLBY C ___ DNL ___
STEREO ___ MONO ___
Fe ___ Cr ___ FeCr ___ Metal ___

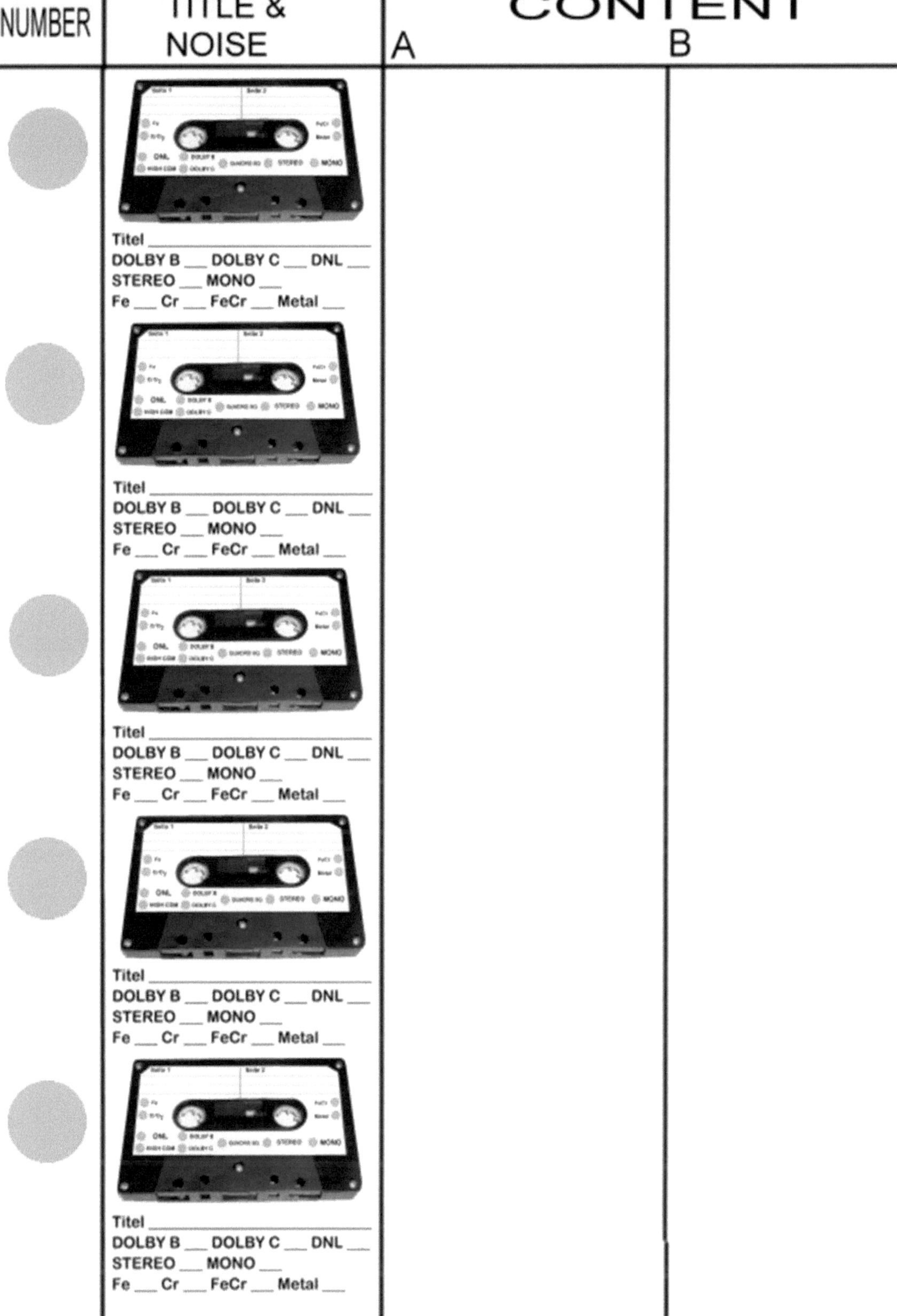

NUMBER	TITLE & NOISE	CONTENT A	B
	Titel _______ DOLBY B ___ DOLBY C ___ DNL ___ STEREO ___ MONO ___ Fe ___ Cr ___ FeCr ___ Metal ___		
	Titel _______ DOLBY B ___ DOLBY C ___ DNL ___ STEREO ___ MONO ___ Fe ___ Cr ___ FeCr ___ Metal ___		
	Titel _______ DOLBY B ___ DOLBY C ___ DNL ___ STEREO ___ MONO ___ Fe ___ Cr ___ FeCr ___ Metal ___		
	Titel _______ DOLBY B ___ DOLBY C ___ DNL ___ STEREO ___ MONO ___ Fe ___ Cr ___ FeCr ___ Metal ___		
	Titel _______ DOLBY B ___ DOLBY C ___ DNL ___ STEREO ___ MONO ___ Fe ___ Cr ___ FeCr ___ Metal ___		

<table>
<thead>
<tr><th>NUMBER</th><th>TITLE &
NOISE</th><th colspan="2">CONTENT</th></tr>
<tr><th></th><th></th><th>A</th><th>B</th></tr>
</thead>
</table>

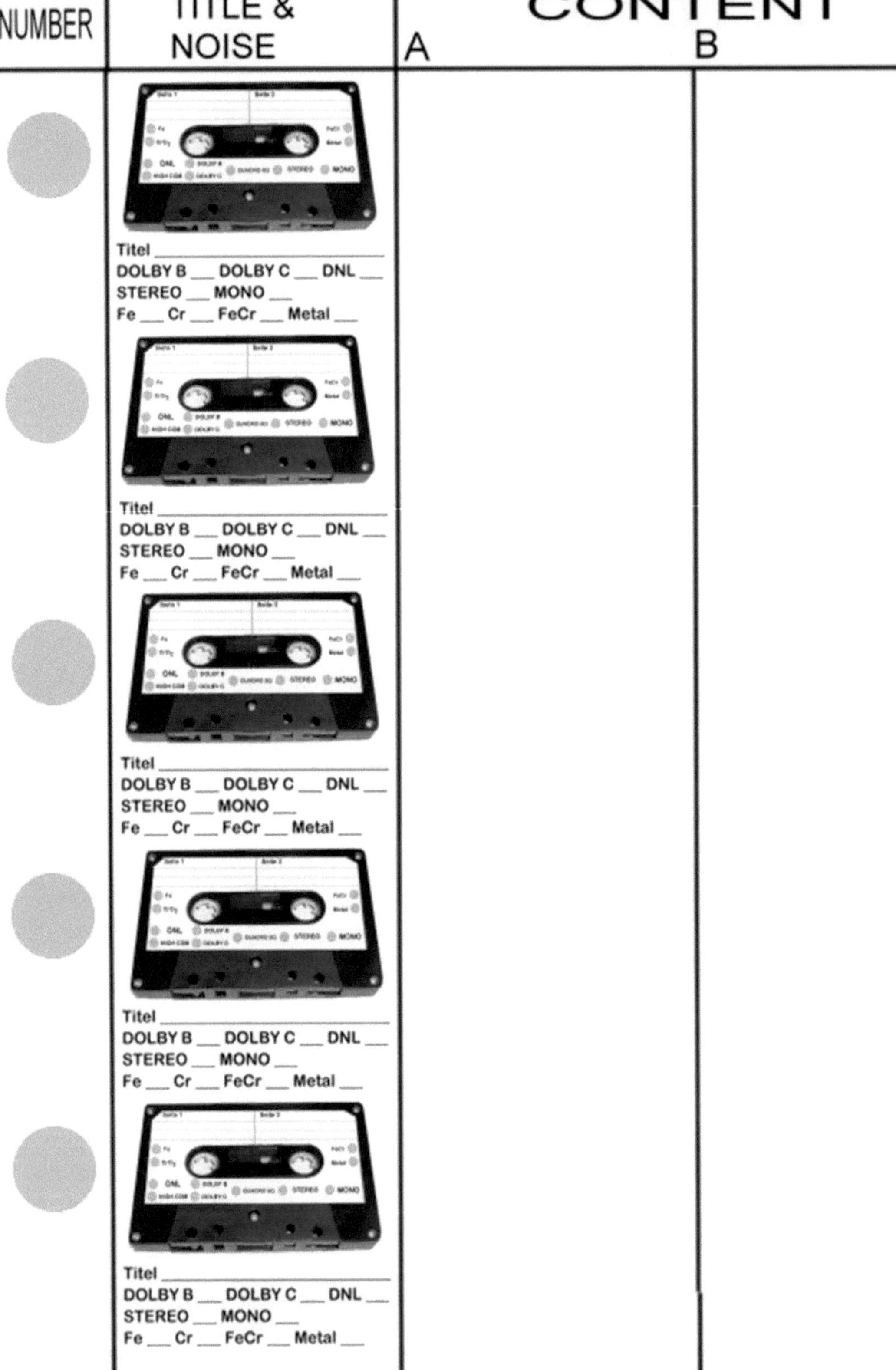

Titel ________________________
DOLBY B ___ DOLBY C ___ DNL ___
STEREO ___ MONO ___
Fe ___ Cr ___ FeCr ___ Metal ___

Titel ________________________
DOLBY B ___ DOLBY C ___ DNL ___
STEREO ___ MONO ___
Fe ___ Cr ___ FeCr ___ Metal ___

Titel ________________________
DOLBY B ___ DOLBY C ___ DNL ___
STEREO ___ MONO ___
Fe ___ Cr ___ FeCr ___ Metal ___

Titel ________________________
DOLBY B ___ DOLBY C ___ DNL ___
STEREO ___ MONO ___
Fe ___ Cr ___ FeCr ___ Metal ___

Titel ________________________
DOLBY B ___ DOLBY C ___ DNL ___
STEREO ___ MONO ___
Fe ___ Cr ___ FeCr ___ Metal ___

<table>
<tr><th>NUMBER</th><th>TITLE &
NOISE</th><th>A</th><th>CONTENT
B</th></tr>
</table>

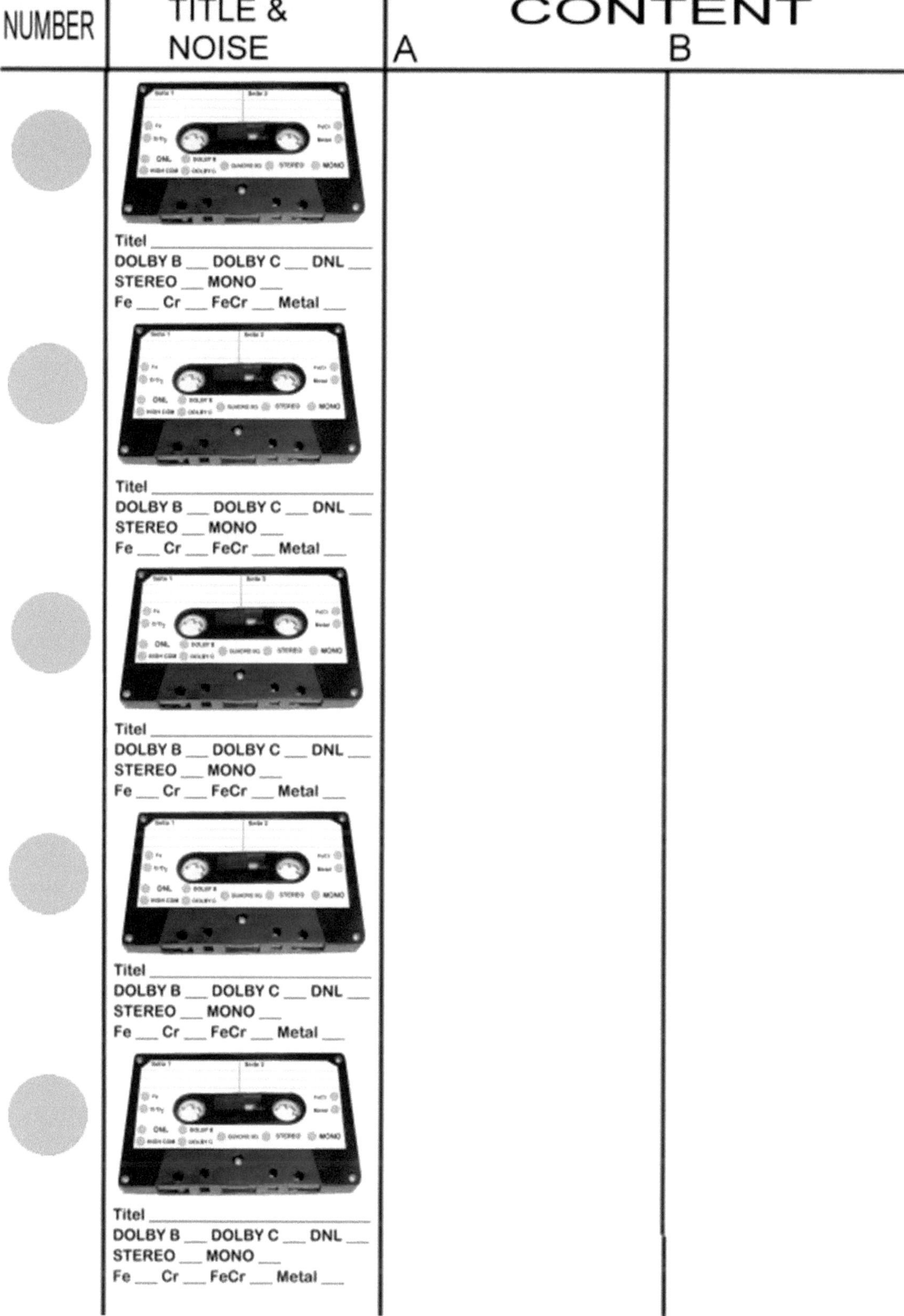

Titel _______________________
DOLBY B ___ DOLBY C ___ DNL ___
STEREO ___ MONO ___
Fe ___ Cr ___ FeCr ___ Metal ___

Titel _______________________
DOLBY B ___ DOLBY C ___ DNL ___
STEREO ___ MONO ___
Fe ___ Cr ___ FeCr ___ Metal ___

Titel _______________________
DOLBY B ___ DOLBY C ___ DNL ___
STEREO ___ MONO ___
Fe ___ Cr ___ FeCr ___ Metal ___

Titel _______________________
DOLBY B ___ DOLBY C ___ DNL ___
STEREO ___ MONO ___
Fe ___ Cr ___ FeCr ___ Metal ___

Titel _______________________
DOLBY B ___ DOLBY C ___ DNL ___
STEREO ___ MONO ___
Fe ___ Cr ___ FeCr ___ Metal ___

<table>
<tr><th>NUMBER</th><th>TITLE &
NOISE</th><th>A</th><th>CONTENT
B</th></tr>
</table>

Titel __________
DOLBY B ___ DOLBY C ___ DNL ___
STEREO ___ MONO ___
Fe ___ Cr ___ FeCr ___ Metal ___

Titel __________
DOLBY B ___ DOLBY C ___ DNL ___
STEREO ___ MONO ___
Fe ___ Cr ___ FeCr ___ Metal ___

Titel __________
DOLBY B ___ DOLBY C ___ DNL ___
STEREO ___ MONO ___
Fe ___ Cr ___ FeCr ___ Metal ___

Titel __________
DOLBY B ___ DOLBY C ___ DNL ___
STEREO ___ MONO ___
Fe ___ Cr ___ FeCr ___ Metal ___

Titel __________
DOLBY B ___ DOLBY C ___ DNL ___
STEREO ___ MONO ___
Fe ___ Cr ___ FeCr ___ Metal ___

NUMBER	TITLE & NOISE	CONTENT A	B

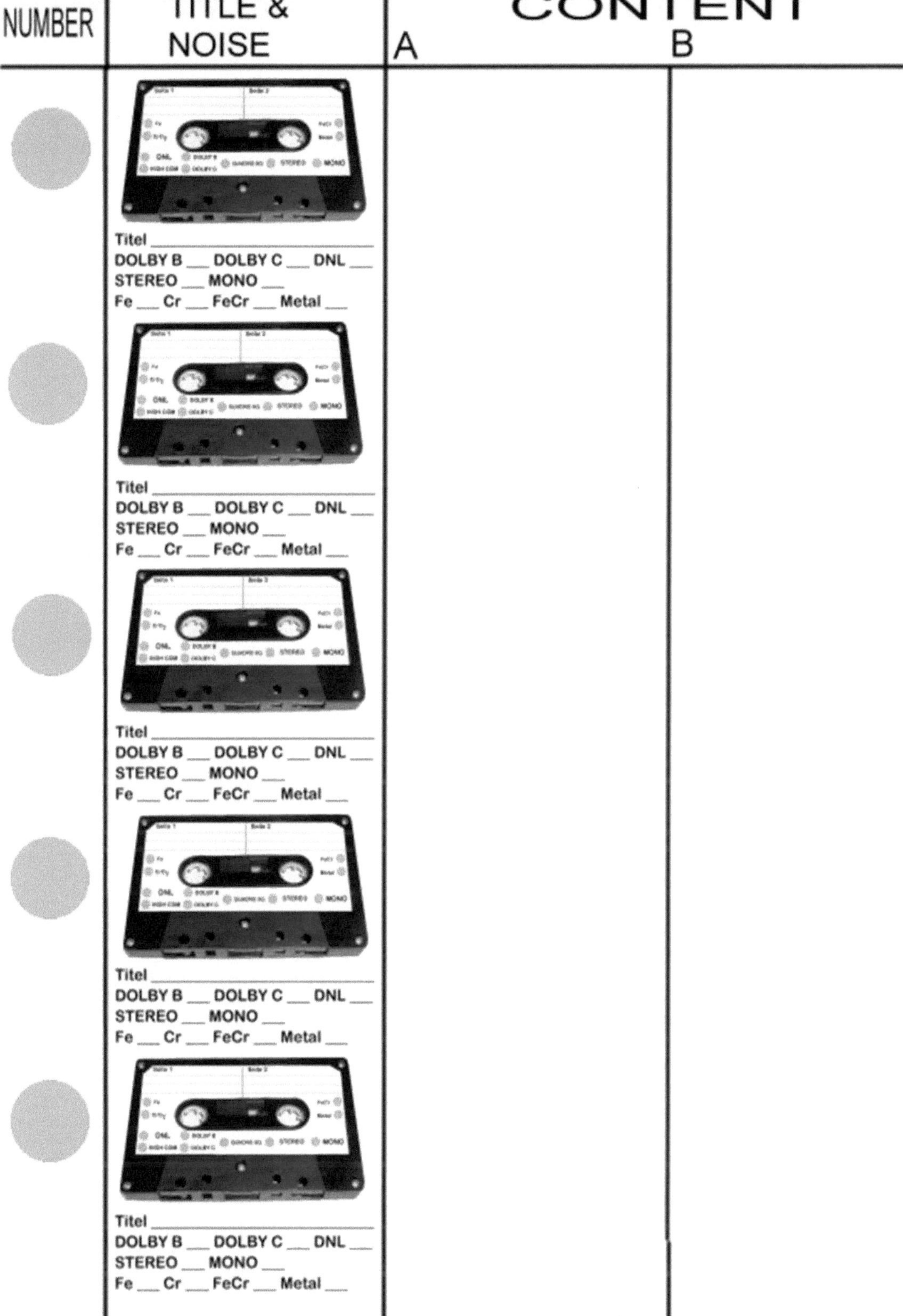

<table>
<tr><th>NUMBER</th><th>TITLE &
NOISE</th><th>CONTENT
A</th><th>B</th></tr>
</table>

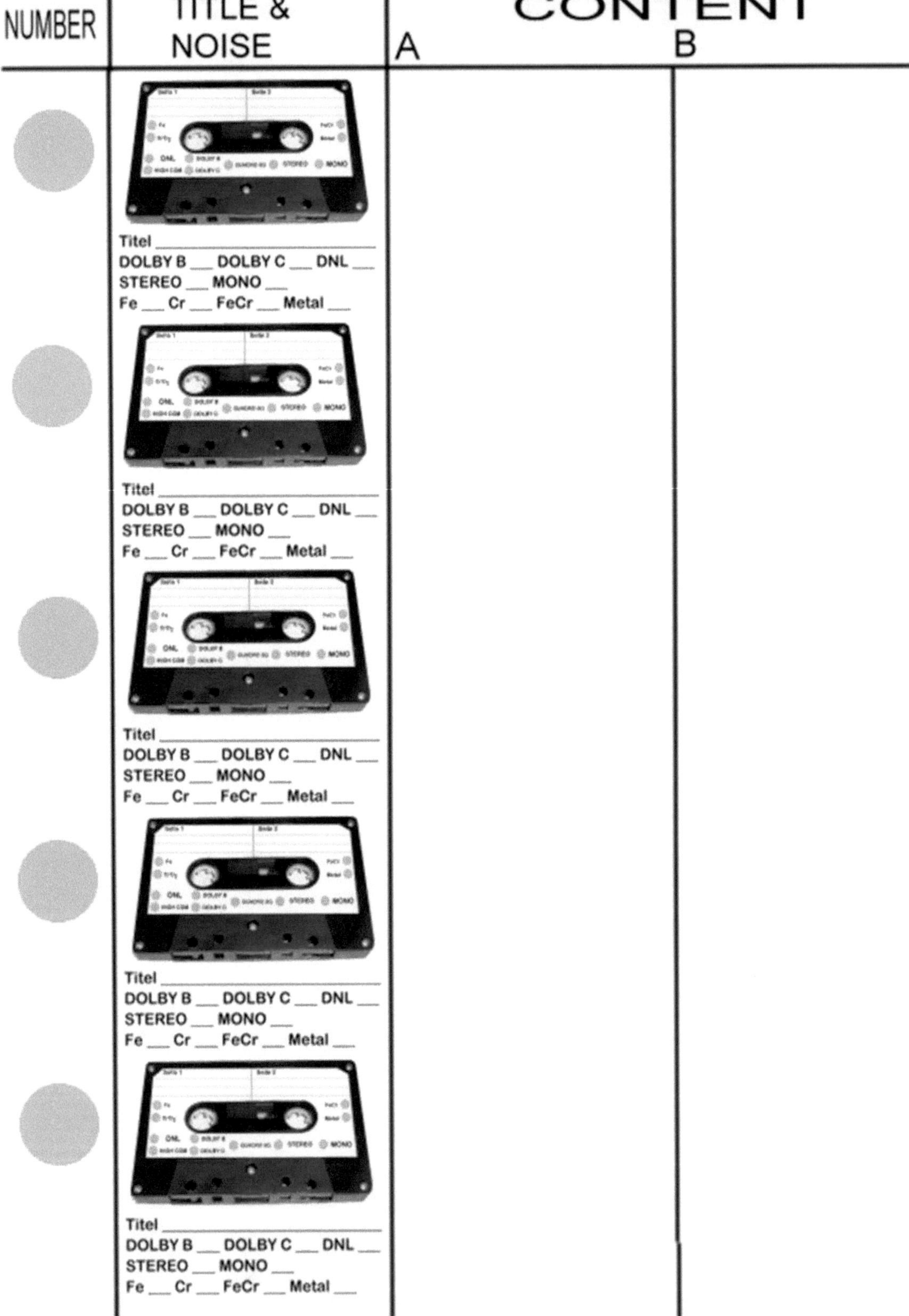

Titel _______________________
DOLBY B ___ DOLBY C ___ DNL ___
STEREO ___ MONO ___
Fe ___ Cr ___ FeCr ___ Metal ___

Titel _______________________
DOLBY B ___ DOLBY C ___ DNL ___
STEREO ___ MONO ___
Fe ___ Cr ___ FeCr ___ Metal ___

Titel _______________________
DOLBY B ___ DOLBY C ___ DNL ___
STEREO ___ MONO ___
Fe ___ Cr ___ FeCr ___ Metal ___

Titel _______________________
DOLBY B ___ DOLBY C ___ DNL ___
STEREO ___ MONO ___
Fe ___ Cr ___ FeCr ___ Metal ___

Titel _______________________
DOLBY B ___ DOLBY C ___ DNL ___
STEREO ___ MONO ___
Fe ___ Cr ___ FeCr ___ Metal ___

<table>
<tr><th>NUMBER</th><th>TITLE & NOISE</th><th>CONTENT A</th><th>B</th></tr>
</table>

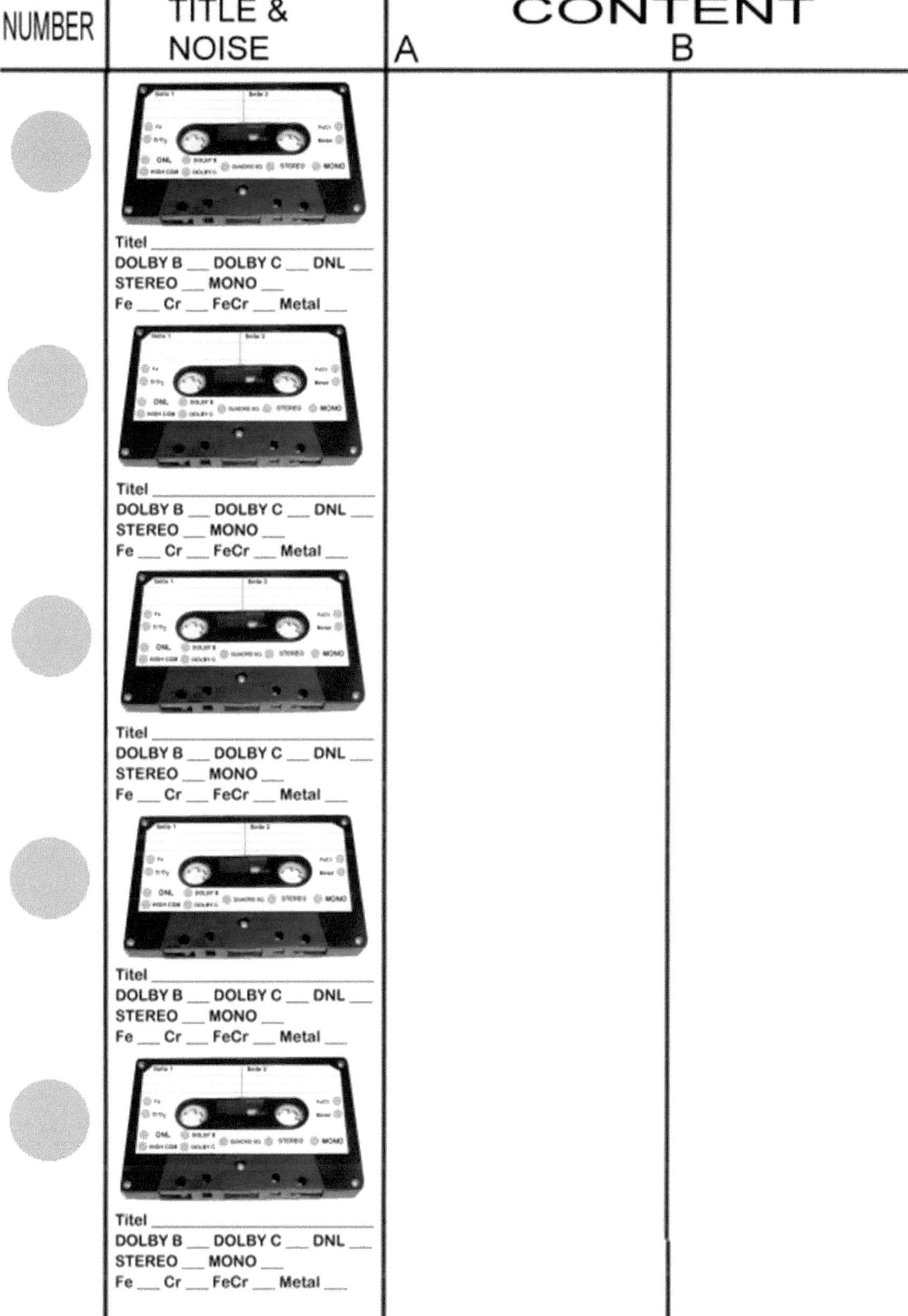

Titel ____________________
DOLBY B ___ DOLBY C ___ DNL ___
STEREO ___ MONO ___
Fe ___ Cr ___ FeCr ___ Metal ___

Titel ____________________
DOLBY B ___ DOLBY C ___ DNL ___
STEREO ___ MONO ___
Fe ___ Cr ___ FeCr ___ Metal ___

Titel ____________________
DOLBY B ___ DOLBY C ___ DNL ___
STEREO ___ MONO ___
Fe ___ Cr ___ FeCr ___ Metal ___

Titel ____________________
DOLBY B ___ DOLBY C ___ DNL ___
STEREO ___ MONO ___
Fe ___ Cr ___ FeCr ___ Metal ___

Titel ____________________
DOLBY B ___ DOLBY C ___ DNL ___
STEREO ___ MONO ___
Fe ___ Cr ___ FeCr ___ Metal ___

<table>
<tr><th>NUMBER</th><th>TITLE &
NOISE</th><th>A</th><th>CONTENT
B</th></tr>
</table>

Titel _______________________
DOLBY B ___ DOLBY C ___ DNL ___
STEREO ___ MONO ___
Fe ___ Cr ___ FeCr ___ Metal ___

Titel _______________________
DOLBY B ___ DOLBY C ___ DNL ___
STEREO ___ MONO ___
Fe ___ Cr ___ FeCr ___ Metal ___

Titel _______________________
DOLBY B ___ DOLBY C ___ DNL ___
STEREO ___ MONO ___
Fe ___ Cr ___ FeCr ___ Metal ___

Titel _______________________
DOLBY B ___ DOLBY C ___ DNL ___
STEREO ___ MONO ___
Fe ___ Cr ___ FeCr ___ Metal ___

Titel _______________________
DOLBY B ___ DOLBY C ___ DNL ___
STEREO ___ MONO ___
Fe ___ Cr ___ FeCr ___ Metal ___

<table>
<tr><th>NUMBER</th><th>TITLE &
NOISE</th><th colspan="2">CONTENT</th></tr>
<tr><td></td><td></td><td>A</td><td>B</td></tr>
</table>

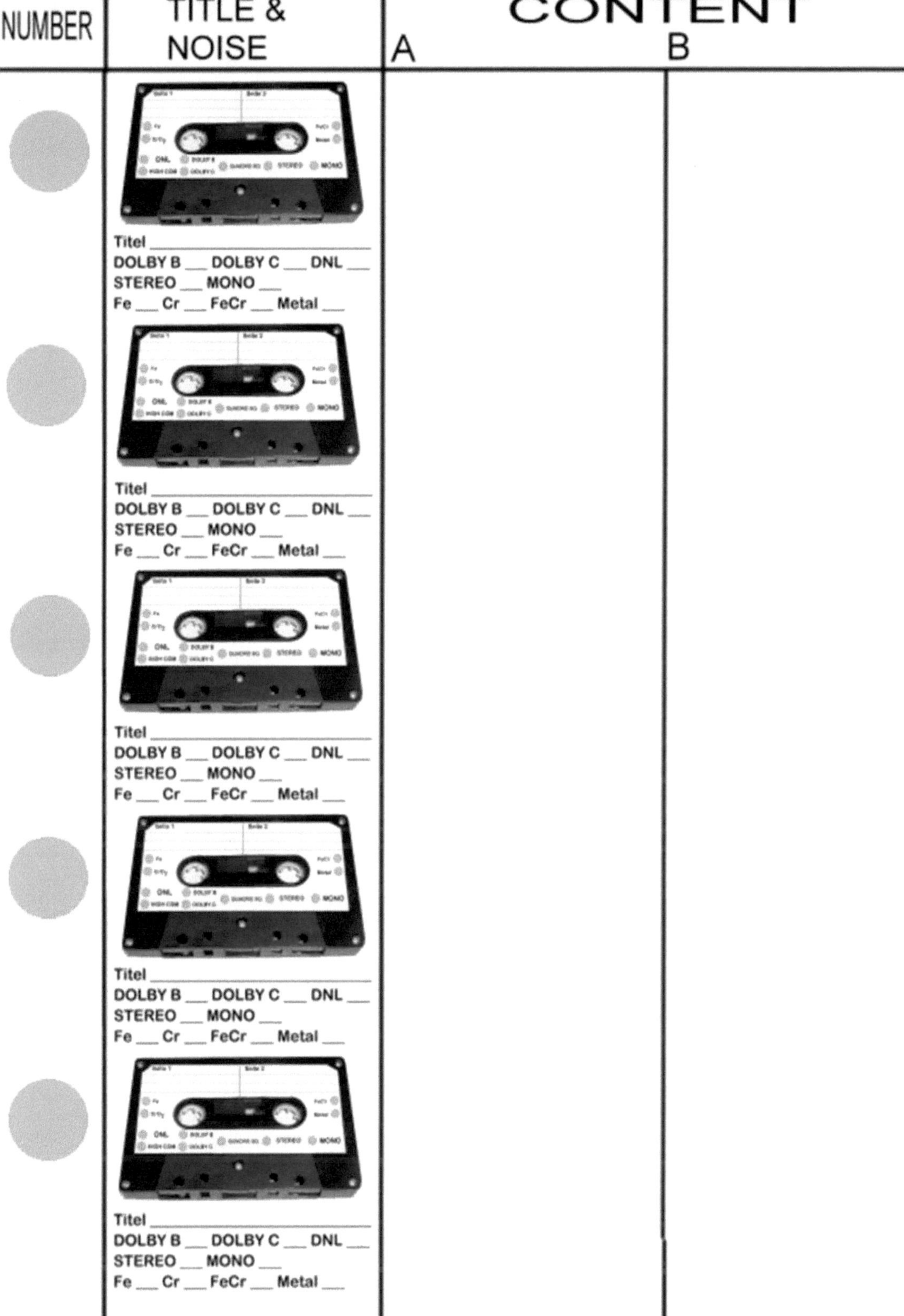

<table>
<tr><th>NUMBER</th><th>TITLE &
NOISE</th><th>A</th><th colspan="2">CONTENT</th></tr>
<tr><th></th><th></th><th></th><th>B</th><th></th></tr>
</table>

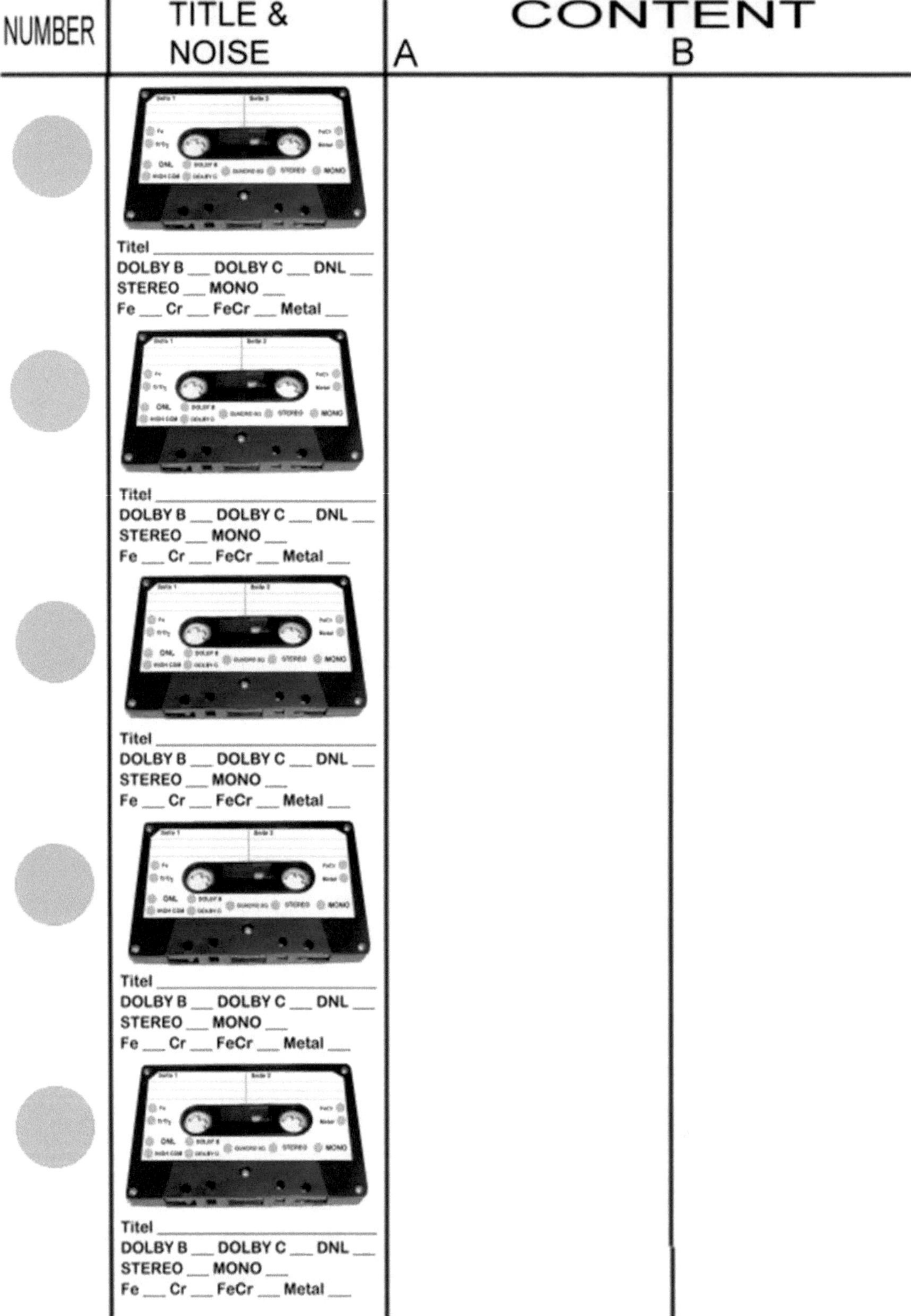

<table>
<tr><th>NUMBER</th><th>TITLE &
NOISE</th><th colspan="2">CONTENT
A   B</th></tr>
</table>

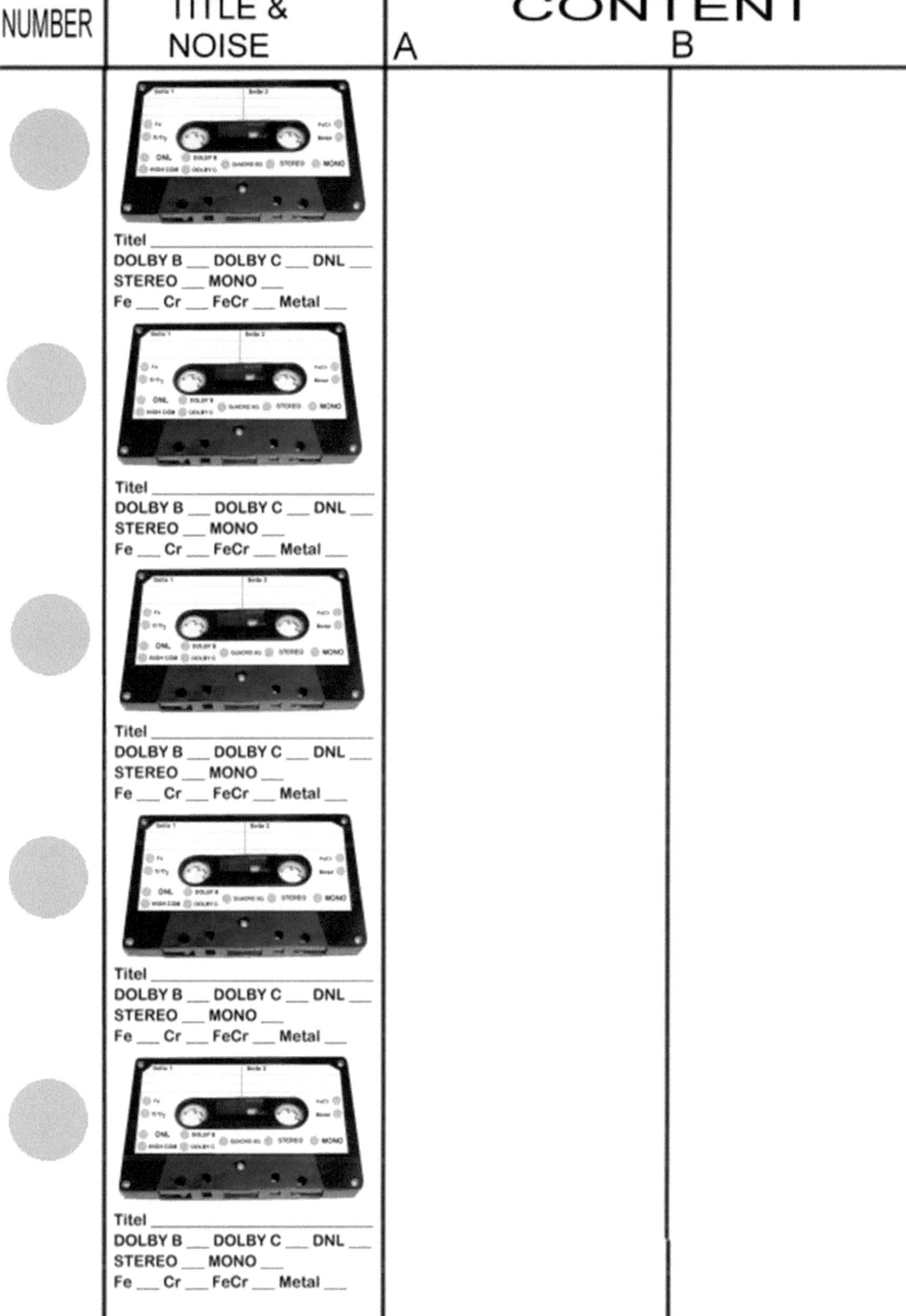

Titel ______________________________
DOLBY B ___ DOLBY C ___ DNL ___
STEREO ___ MONO ___
Fe ___ Cr ___ FeCr ___ Metal ___

Titel ______________________________
DOLBY B ___ DOLBY C ___ DNL ___
STEREO ___ MONO ___
Fe ___ Cr ___ FeCr ___ Metal ___

Titel ______________________________
DOLBY B ___ DOLBY C ___ DNL ___
STEREO ___ MONO ___
Fe ___ Cr ___ FeCr ___ Metal ___

Titel ______________________________
DOLBY B ___ DOLBY C ___ DNL ___
STEREO ___ MONO ___
Fe ___ Cr ___ FeCr ___ Metal ___

Titel ______________________________
DOLBY B ___ DOLBY C ___ DNL ___
STEREO ___ MONO ___
Fe ___ Cr ___ FeCr ___ Metal ___

<table>
<tr><th>NUMBER</th><th>TITLE &
NOISE</th><th>A</th><th>CONTENT
B</th></tr>
</table>

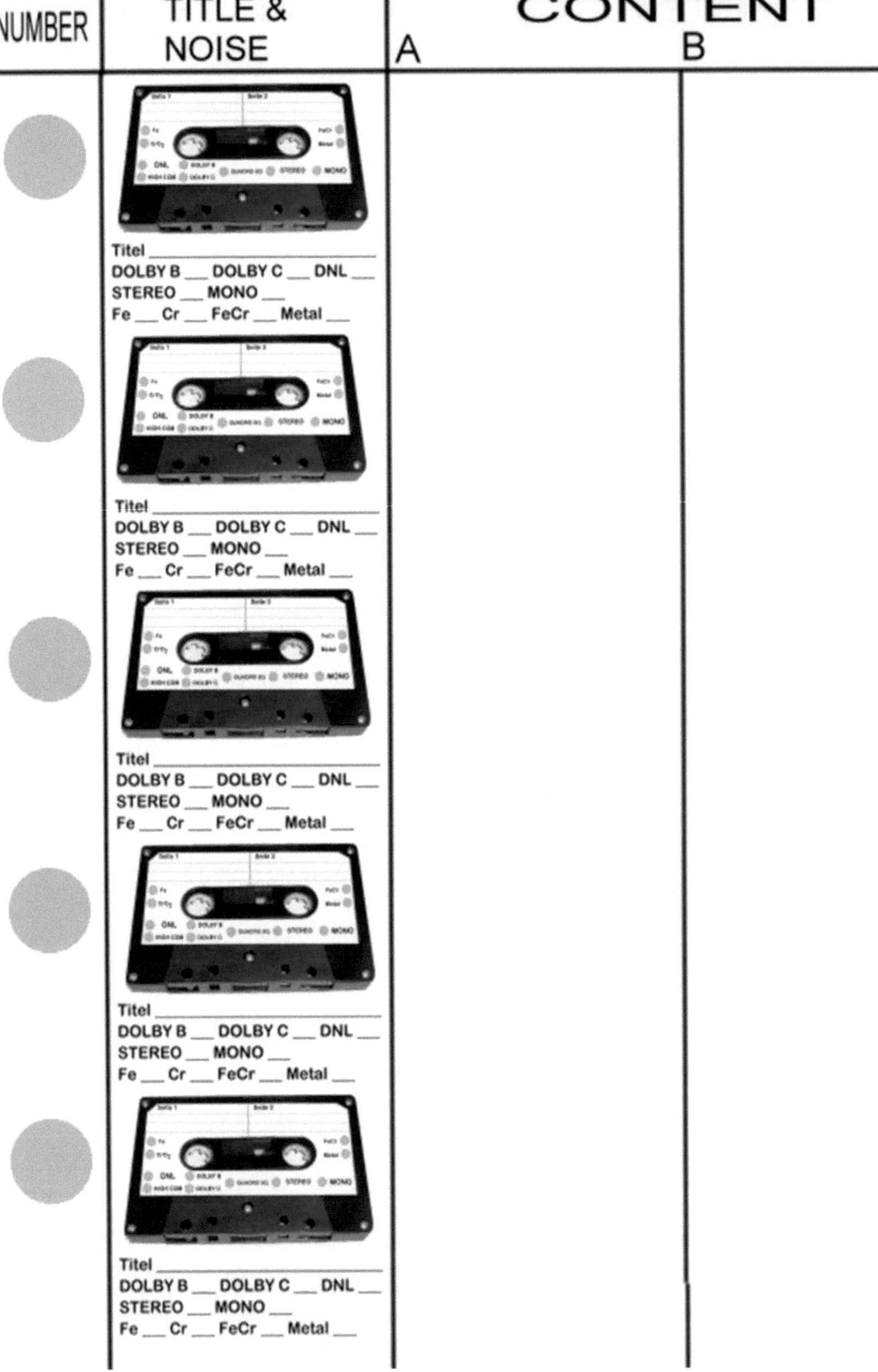

Titel ___________________
DOLBY B ___ DOLBY C ___ DNL ___
STEREO ___ MONO ___
Fe ___ Cr ___ FeCr ___ Metal ___

Titel ___________________
DOLBY B ___ DOLBY C ___ DNL ___
STEREO ___ MONO ___
Fe ___ Cr ___ FeCr ___ Metal ___

Titel ___________________
DOLBY B ___ DOLBY C ___ DNL ___
STEREO ___ MONO ___
Fe ___ Cr ___ FeCr ___ Metal ___

Titel ___________________
DOLBY B ___ DOLBY C ___ DNL ___
STEREO ___ MONO ___
Fe ___ Cr ___ FeCr ___ Metal ___

Titel ___________________
DOLBY B ___ DOLBY C ___ DNL ___
STEREO ___ MONO ___
Fe ___ Cr ___ FeCr ___ Metal ___

NUMBER	TITLE & NOISE	CONTENT A	B
	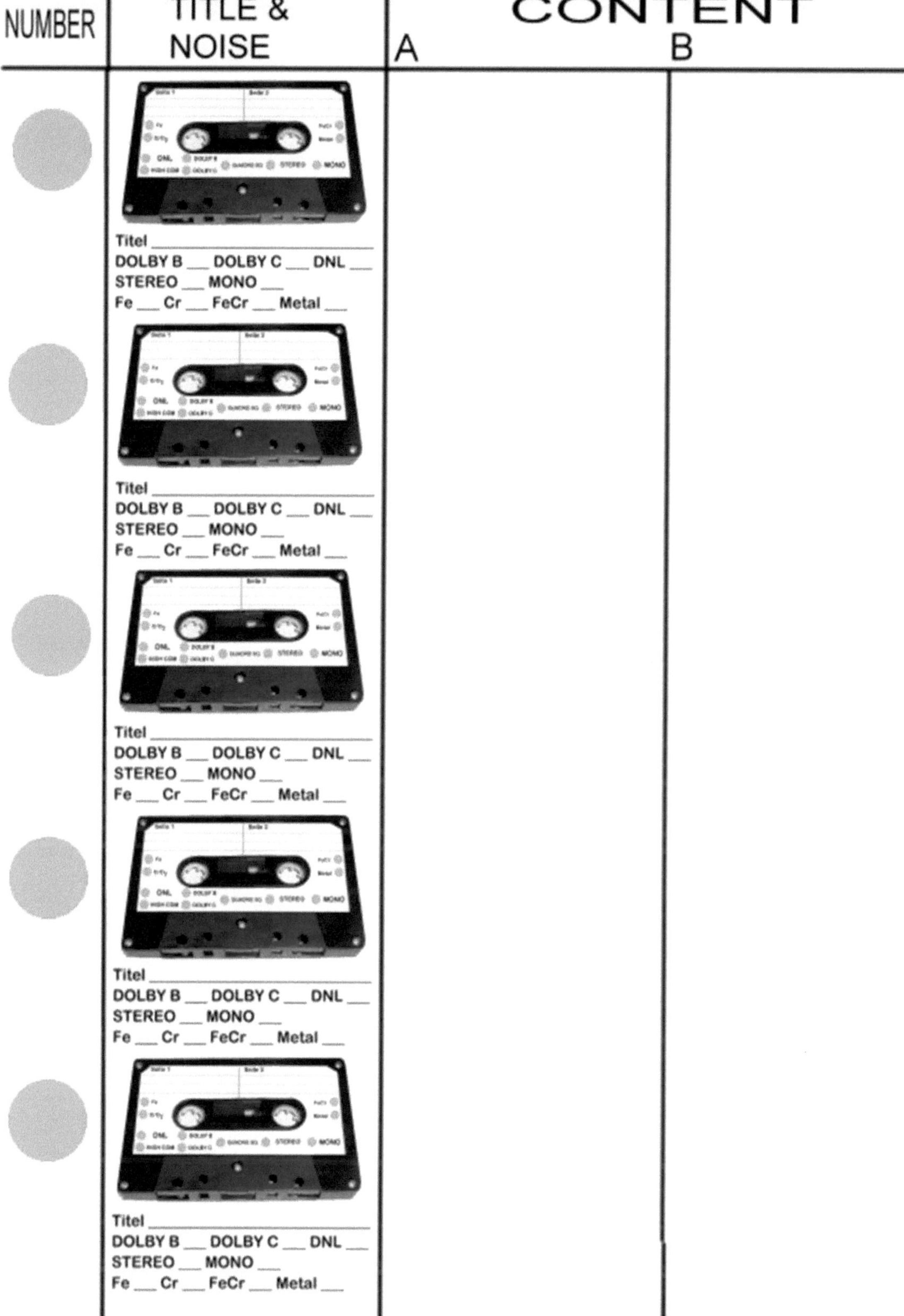 Titel ________ DOLBY B ___ DOLBY C ___ DNL ___ STEREO ___ MONO ___ Fe ___ Cr ___ FeCr ___ Metal ___		
	Titel ________ DOLBY B ___ DOLBY C ___ DNL ___ STEREO ___ MONO ___ Fe ___ Cr ___ FeCr ___ Metal ___		
	Titel ________ DOLBY B ___ DOLBY C ___ DNL ___ STEREO ___ MONO ___ Fe ___ Cr ___ FeCr ___ Metal ___		
	Titel ________ DOLBY B ___ DOLBY C ___ DNL ___ STEREO ___ MONO ___ Fe ___ Cr ___ FeCr ___ Metal ___		
	Titel ________ DOLBY B ___ DOLBY C ___ DNL ___ STEREO ___ MONO ___ Fe ___ Cr ___ FeCr ___ Metal ___		

<table>
<tr><th>NUMBER</th><th>TITLE &
NOISE</th><th>CONTENT
A</th><th>B</th></tr>
<tr><td></td><td>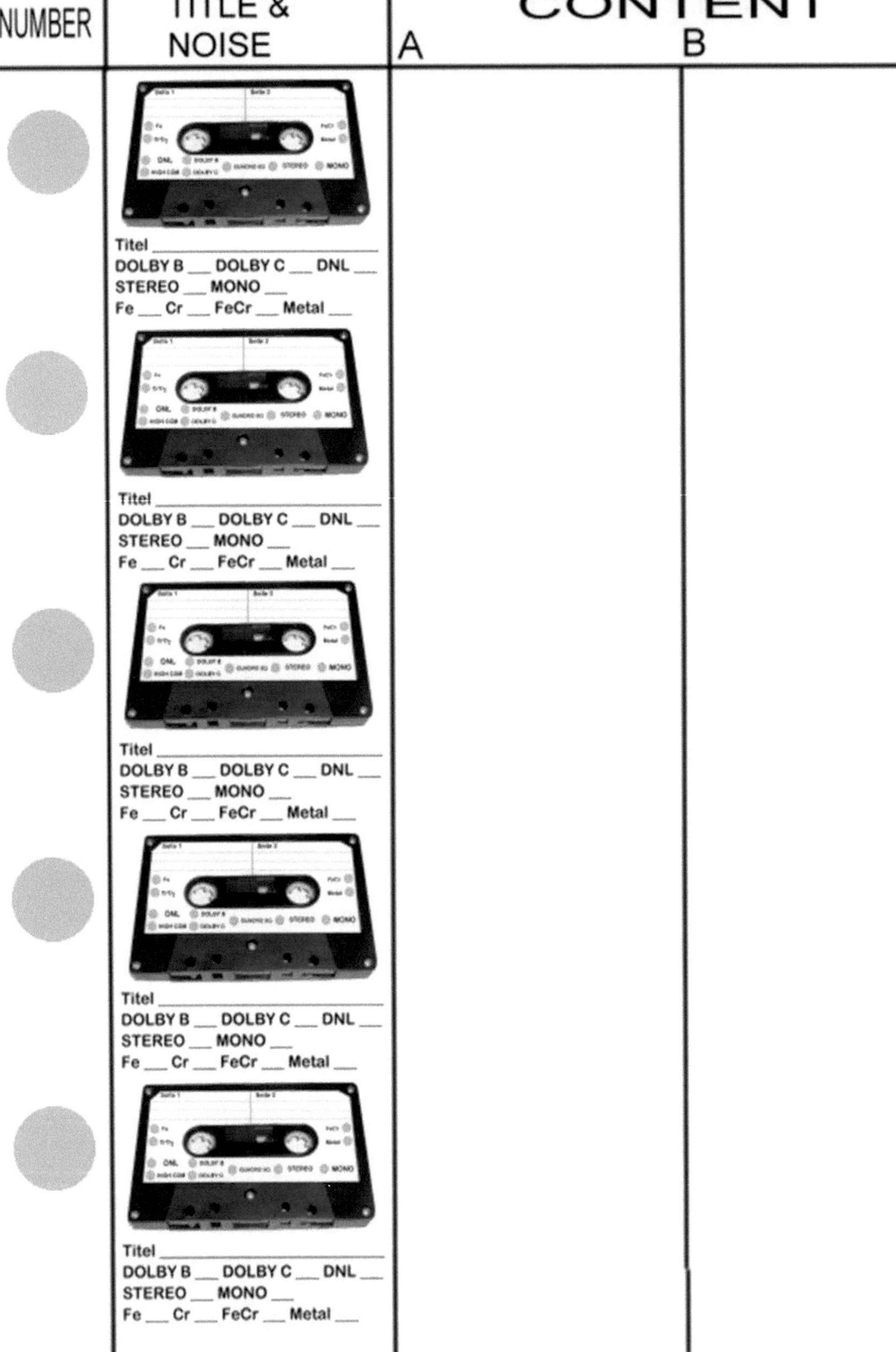

Titel _____________________________
DOLBY B ___ DOLBY C ___ DNL ___
STEREO ___ MONO ___
Fe ___ Cr ___ FeCr ___ Metal ___

Titel _____________________________
DOLBY B ___ DOLBY C ___ DNL ___
STEREO ___ MONO ___
Fe ___ Cr ___ FeCr ___ Metal ___

Titel _____________________________
DOLBY B ___ DOLBY C ___ DNL ___
STEREO ___ MONO ___
Fe ___ Cr ___ FeCr ___ Metal ___

Titel _____________________________
DOLBY B ___ DOLBY C ___ DNL ___
STEREO ___ MONO ___
Fe ___ Cr ___ FeCr ___ Metal ___

Titel _____________________________
DOLBY B ___ DOLBY C ___ DNL ___
STEREO ___ MONO ___
Fe ___ Cr ___ FeCr ___ Metal ___</td><td></td><td></td></tr>
</table>

<table>
<tr><th>NUMBER</th><th>TITLE &
NOISE</th><th>CONTENT
A</th><th>B</th></tr>
</table>

<table>
<tr><th>NUMBER</th><th>TITLE &
NOISE</th><th colspan="2">CONTENT</th></tr>
<tr><th></th><th></th><th>A</th><th>B</th></tr>
<tr><td></td><td>

Titel ___________________
DOLBY B ___ DOLBY C ___ DNL ___
STEREO ___ MONO ___
Fe ___ Cr ___ FeCr ___ Metal ___

Titel ___________________
DOLBY B ___ DOLBY C ___ DNL ___
STEREO ___ MONO ___
Fe ___ Cr ___ FeCr ___ Metal ___

Titel ___________________
DOLBY B ___ DOLBY C ___ DNL ___
STEREO ___ MONO ___
Fe ___ Cr ___ FeCr ___ Metal ___

Titel ___________________
DOLBY B ___ DOLBY C ___ DNL ___
STEREO ___ MONO ___
Fe ___ Cr ___ FeCr ___ Metal ___

Titel ___________________
DOLBY B ___ DOLBY C ___ DNL ___
STEREO ___ MONO ___
Fe ___ Cr ___ FeCr ___ Metal ___

</td><td></td><td></td></tr>
</table>

<table>
<tr><th>NUMBER</th><th>TITLE &
NOISE</th><th>A</th><th>CONTENT
B</th></tr>
</table>

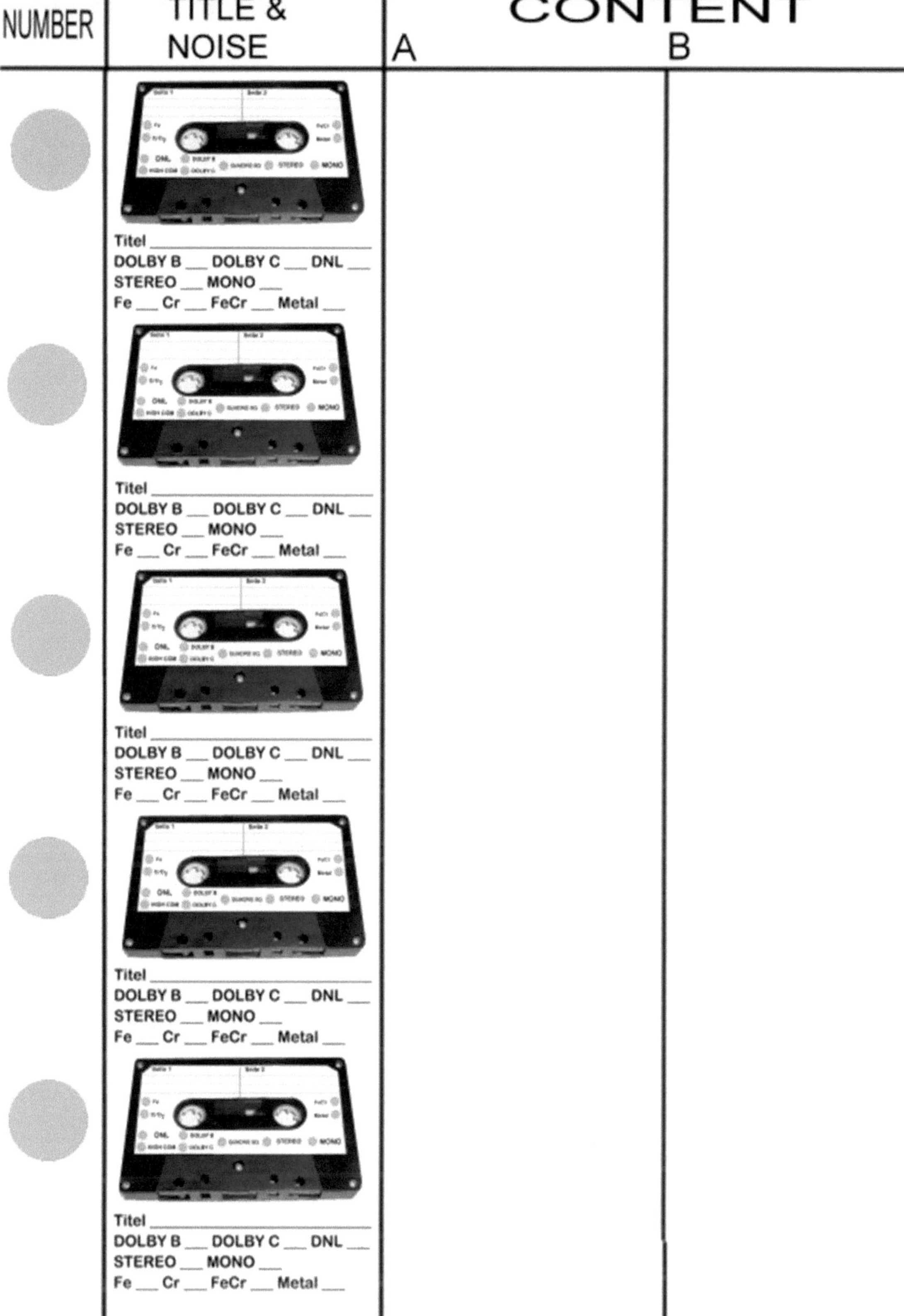

Titel _____________________
DOLBY B ___ DOLBY C ___ DNL ___
STEREO ___ MONO ___
Fe ___ Cr ___ FeCr ___ Metal ___

Titel _____________________
DOLBY B ___ DOLBY C ___ DNL ___
STEREO ___ MONO ___
Fe ___ Cr ___ FeCr ___ Metal ___

Titel _____________________
DOLBY B ___ DOLBY C ___ DNL ___
STEREO ___ MONO ___
Fe ___ Cr ___ FeCr ___ Metal ___

Titel _____________________
DOLBY B ___ DOLBY C ___ DNL ___
STEREO ___ MONO ___
Fe ___ Cr ___ FeCr ___ Metal ___

Titel _____________________
DOLBY B ___ DOLBY C ___ DNL ___
STEREO ___ MONO ___
Fe ___ Cr ___ FeCr ___ Metal ___

NUMBER	TITLE & NOISE	CONTENT A	B

Titel ______________________
DOLBY B ___ DOLBY C ___ DNL ___
STEREO ___ MONO ___
Fe ___ Cr ___ FeCr ___ Metal ___

Titel ______________________
DOLBY B ___ DOLBY C ___ DNL ___
STEREO ___ MONO ___
Fe ___ Cr ___ FeCr ___ Metal ___

Titel ______________________
DOLBY B ___ DOLBY C ___ DNL ___
STEREO ___ MONO ___
Fe ___ Cr ___ FeCr ___ Metal ___

Titel ______________________
DOLBY B ___ DOLBY C ___ DNL ___
STEREO ___ MONO ___
Fe ___ Cr ___ FeCr ___ Metal ___

Titel ______________________
DOLBY B ___ DOLBY C ___ DNL ___
STEREO ___ MONO ___
Fe ___ Cr ___ FeCr ___ Metal ___

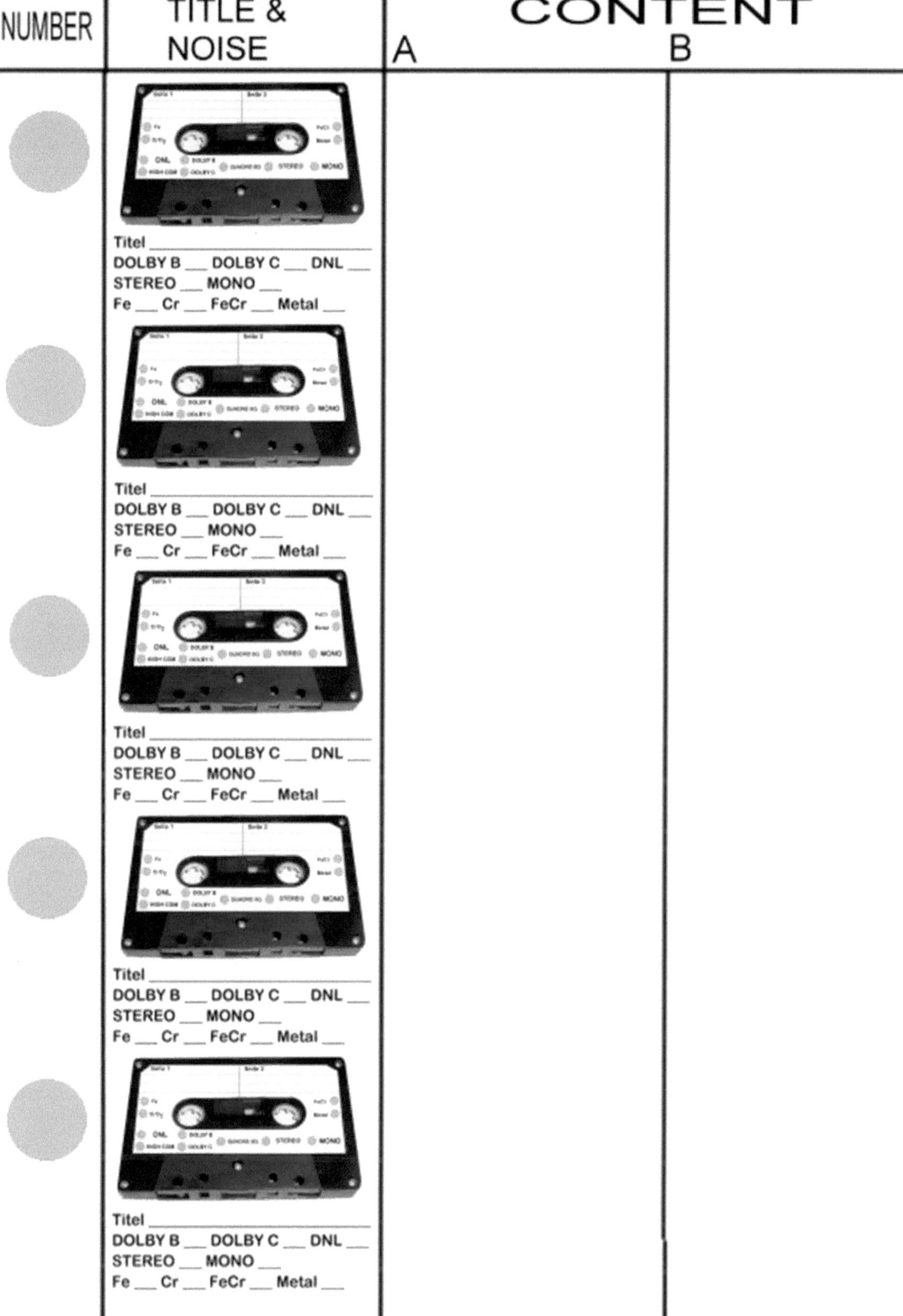

NUMBER	TITLE & NOISE	CONTENT A	B
	Titel ____________ DOLBY B ___ DOLBY C ___ DNL ___ STEREO ___ MONO ___ Fe ___ Cr ___ FeCr ___ Metal ___		
	Titel ____________ DOLBY B ___ DOLBY C ___ DNL ___ STEREO ___ MONO ___ Fe ___ Cr ___ FeCr ___ Metal ___		
	Titel ____________ DOLBY B ___ DOLBY C ___ DNL ___ STEREO ___ MONO ___ Fe ___ Cr ___ FeCr ___ Metal ___		
	Titel ____________ DOLBY B ___ DOLBY C ___ DNL ___ STEREO ___ MONO ___ Fe ___ Cr ___ FeCr ___ Metal ___		
	Titel ____________ DOLBY B ___ DOLBY C ___ DNL ___ STEREO ___ MONO ___ Fe ___ Cr ___ FeCr ___ Metal ___		

<table>
<tr><th>NUMBER</th><th>TITLE &
NOISE</th><th>A</th><th>CONTENT
B</th></tr>
</table>

Titel ______________________________
DOLBY B ___ DOLBY C ___ DNL ___
STEREO ___ MONO ___
Fe ___ Cr ___ FeCr ___ Metal ___

Titel ______________________________
DOLBY B ___ DOLBY C ___ DNL ___
STEREO ___ MONO ___
Fe ___ Cr ___ FeCr ___ Metal ___

Titel ______________________________
DOLBY B ___ DOLBY C ___ DNL ___
STEREO ___ MONO ___
Fe ___ Cr ___ FeCr ___ Metal ___

Titel ______________________________
DOLBY B ___ DOLBY C ___ DNL ___
STEREO ___ MONO ___
Fe ___ Cr ___ FeCr ___ Metal ___

Titel ______________________________
DOLBY B ___ DOLBY C ___ DNL ___
STEREO ___ MONO ___
Fe ___ Cr ___ FeCr ___ Metal ___

<table>
<tr><th>NUMBER</th><th>TITLE &
NOISE</th><th>CONTENT
A</th><th>B</th></tr>
<tr><td></td><td>

Titel _______________
DOLBY B ___ **DOLBY C** ___ **DNL** ___
STEREO ___ **MONO** ___
Fe ___ **Cr** ___ **FeCr** ___ **Metal** ___

Titel _______________
DOLBY B ___ **DOLBY C** ___ **DNL** ___
STEREO ___ **MONO** ___
Fe ___ **Cr** ___ **FeCr** ___ **Metal** ___

Titel _______________
DOLBY B ___ **DOLBY C** ___ **DNL** ___
STEREO ___ **MONO** ___
Fe ___ **Cr** ___ **FeCr** ___ **Metal** ___

Titel _______________
DOLBY B ___ **DOLBY C** ___ **DNL** ___
STEREO ___ **MONO** ___
Fe ___ **Cr** ___ **FeCr** ___ **Metal** ___

Titel _______________
DOLBY B ___ **DOLBY C** ___ **DNL** ___
STEREO ___ **MONO** ___
Fe ___ **Cr** ___ **FeCr** ___ **Metal** ___

</td><td></td><td></td></tr>
</table>

<table>
<tr><th>NUMBER</th><th>TITLE &
NOISE</th><th>A</th><th>CONTENT
B</th></tr>
<tr><td></td><td>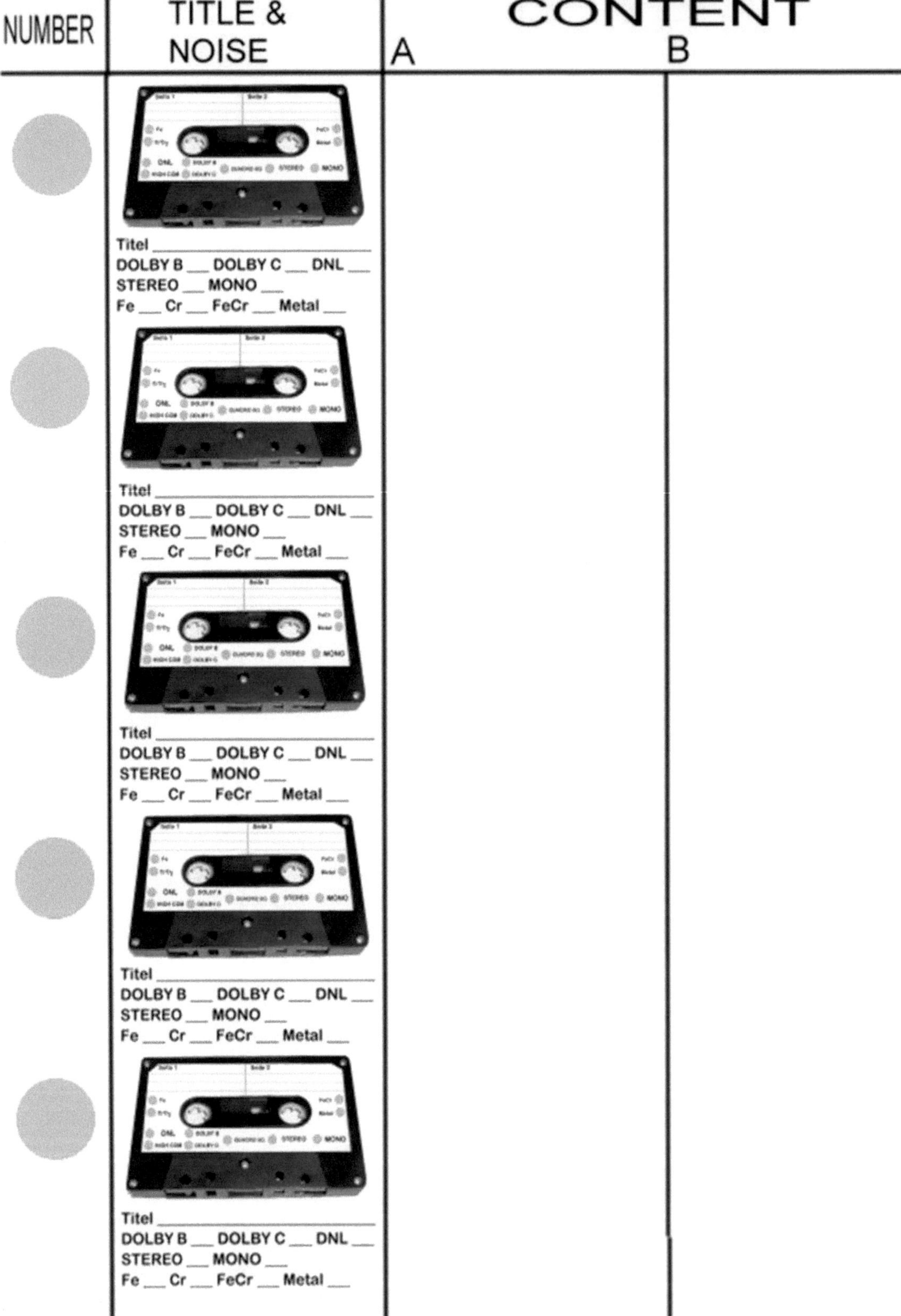

Titel _______________
DOLBY B ___ DOLBY C ___ DNL ___
STEREO ___ MONO ___
Fe ___ Cr ___ FeCr ___ Metal ___</td><td></td><td></td></tr>
<tr><td></td><td>Titel _______________
DOLBY B ___ DOLBY C ___ DNL ___
STEREO ___ MONO ___
Fe ___ Cr ___ FeCr ___ Metal ___</td><td></td><td></td></tr>
<tr><td></td><td>Titel _______________
DOLBY B ___ DOLBY C ___ DNL ___
STEREO ___ MONO ___
Fe ___ Cr ___ FeCr ___ Metal ___</td><td></td><td></td></tr>
<tr><td></td><td>Titel _______________
DOLBY B ___ DOLBY C ___ DNL ___
STEREO ___ MONO ___
Fe ___ Cr ___ FeCr ___ Metal ___</td><td></td><td></td></tr>
<tr><td></td><td>Titel _______________
DOLBY B ___ DOLBY C ___ DNL ___
STEREO ___ MONO ___
Fe ___ Cr ___ FeCr ___ Metal ___</td><td></td><td></td></tr>
</table>

<table>
<tr><th>NUMBER</th><th>TITLE &
NOISE</th><th>A</th><th>CONTENT
B</th></tr>
</table>

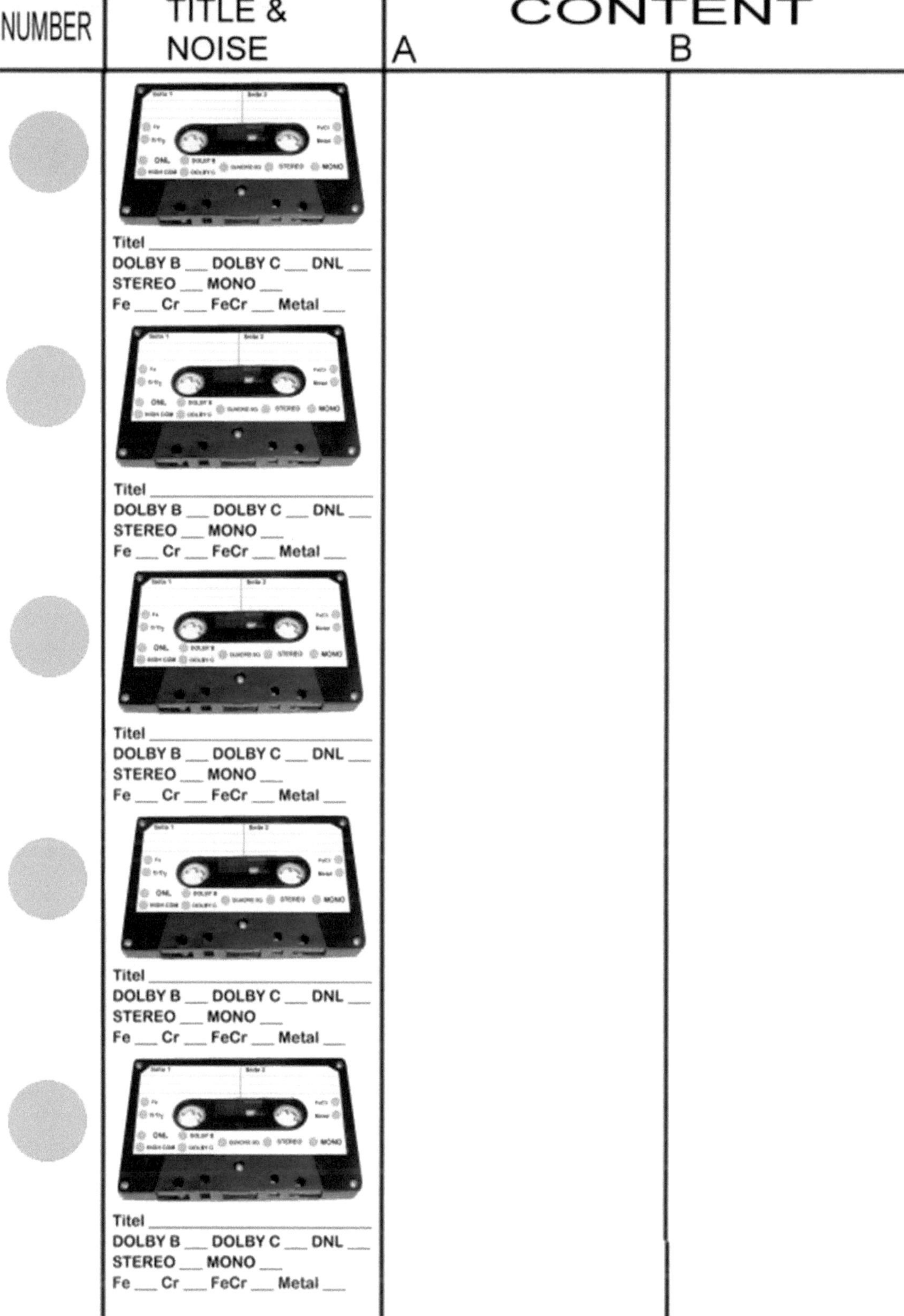

Titel _______________________
DOLBY B ___ DOLBY C ___ DNL ___
STEREO ___ MONO ___
Fe ___ Cr ___ FeCr ___ Metal ___

Titel _______________________
DOLBY B ___ DOLBY C ___ DNL ___
STEREO ___ MONO ___
Fe ___ Cr ___ FeCr ___ Metal ___

Titel _______________________
DOLBY B ___ DOLBY C ___ DNL ___
STEREO ___ MONO ___
Fe ___ Cr ___ FeCr ___ Metal ___

Titel _______________________
DOLBY B ___ DOLBY C ___ DNL ___
STEREO ___ MONO ___
Fe ___ Cr ___ FeCr ___ Metal ___

Titel _______________________
DOLBY B ___ DOLBY C ___ DNL ___
STEREO ___ MONO ___
Fe ___ Cr ___ FeCr ___ Metal ___

NUMBER	TITLE & NOISE	CONTENT	
		A	**B**

Titel __________
DOLBY B ___ DOLBY C ___ DNL ___
STEREO ___ MONO ___
Fe ___ Cr ___ FeCr ___ Metal ___

Titel __________
DOLBY B ___ DOLBY C ___ DNL ___
STEREO ___ MONO ___
Fe ___ Cr ___ FeCr ___ Metal ___

Titel __________
DOLBY B ___ DOLBY C ___ DNL ___
STEREO ___ MONO ___
Fe ___ Cr ___ FeCr ___ Metal ___

Titel __________
DOLBY B ___ DOLBY C ___ DNL ___
STEREO ___ MONO ___
Fe ___ Cr ___ FeCr ___ Metal ___

Titel __________
DOLBY B ___ DOLBY C ___ DNL ___
STEREO ___ MONO ___
Fe ___ Cr ___ FeCr ___ Metal ___

<table>
<tr><th>NUMBER</th><th>TITLE &
NOISE</th><th>A</th><th>CONTENT
B</th></tr>
</table>

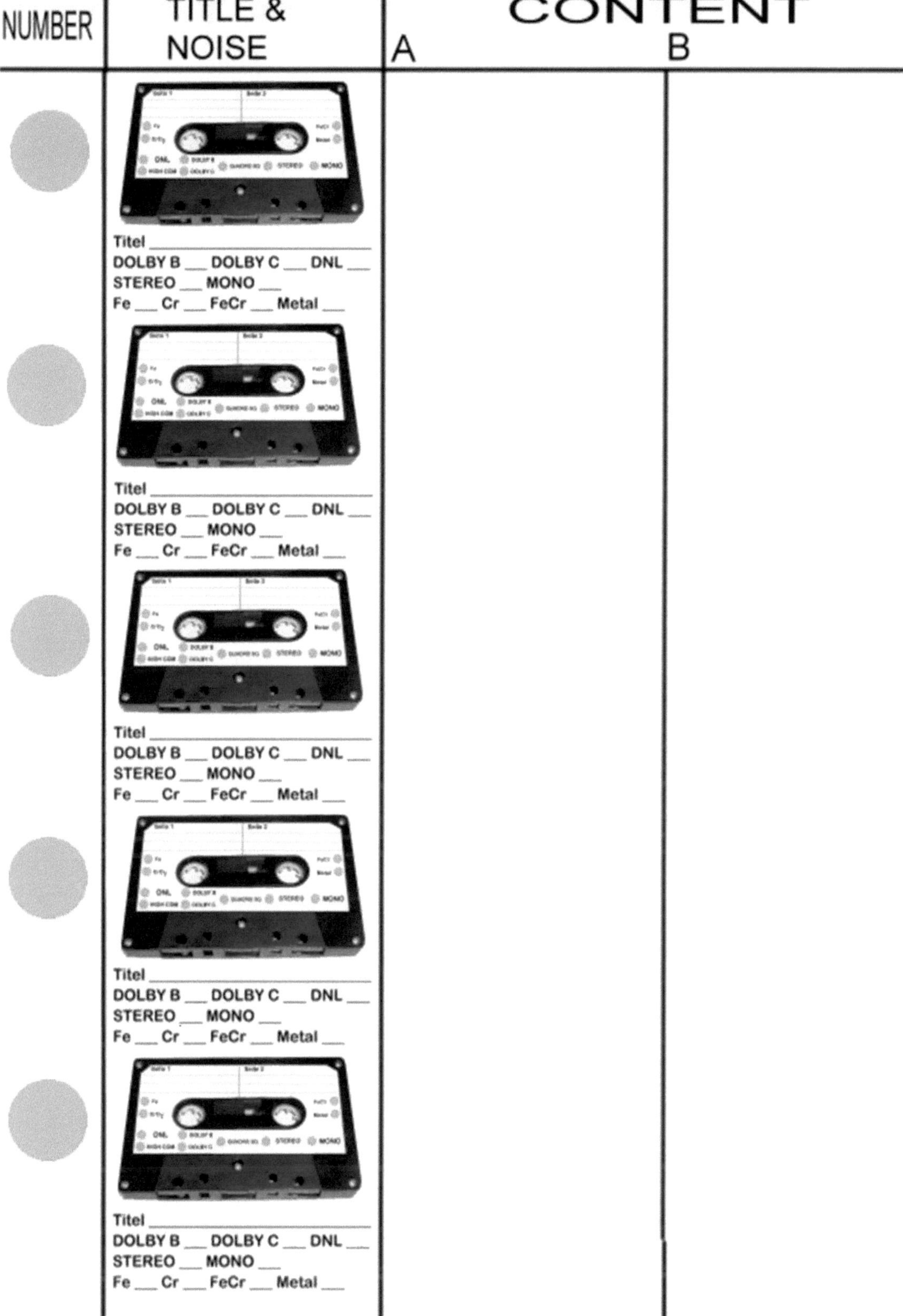

Titel ______________________
DOLBY B ___ DOLBY C ___ DNL ___
STEREO ___ MONO ___
Fe ___ Cr ___ FeCr ___ Metal ___

Titel ______________________
DOLBY B ___ DOLBY C ___ DNL ___
STEREO ___ MONO ___
Fe ___ Cr ___ FeCr ___ Metal ___

Titel ______________________
DOLBY B ___ DOLBY C ___ DNL ___
STEREO ___ MONO ___
Fe ___ Cr ___ FeCr ___ Metal ___

Titel ______________________
DOLBY B ___ DOLBY C ___ DNL ___
STEREO ___ MONO ___
Fe ___ Cr ___ FeCr ___ Metal ___

Titel ______________________
DOLBY B ___ DOLBY C ___ DNL ___
STEREO ___ MONO ___
Fe ___ Cr ___ FeCr ___ Metal ___

NUMBER	TITLE & NOISE	CONTENT A	B

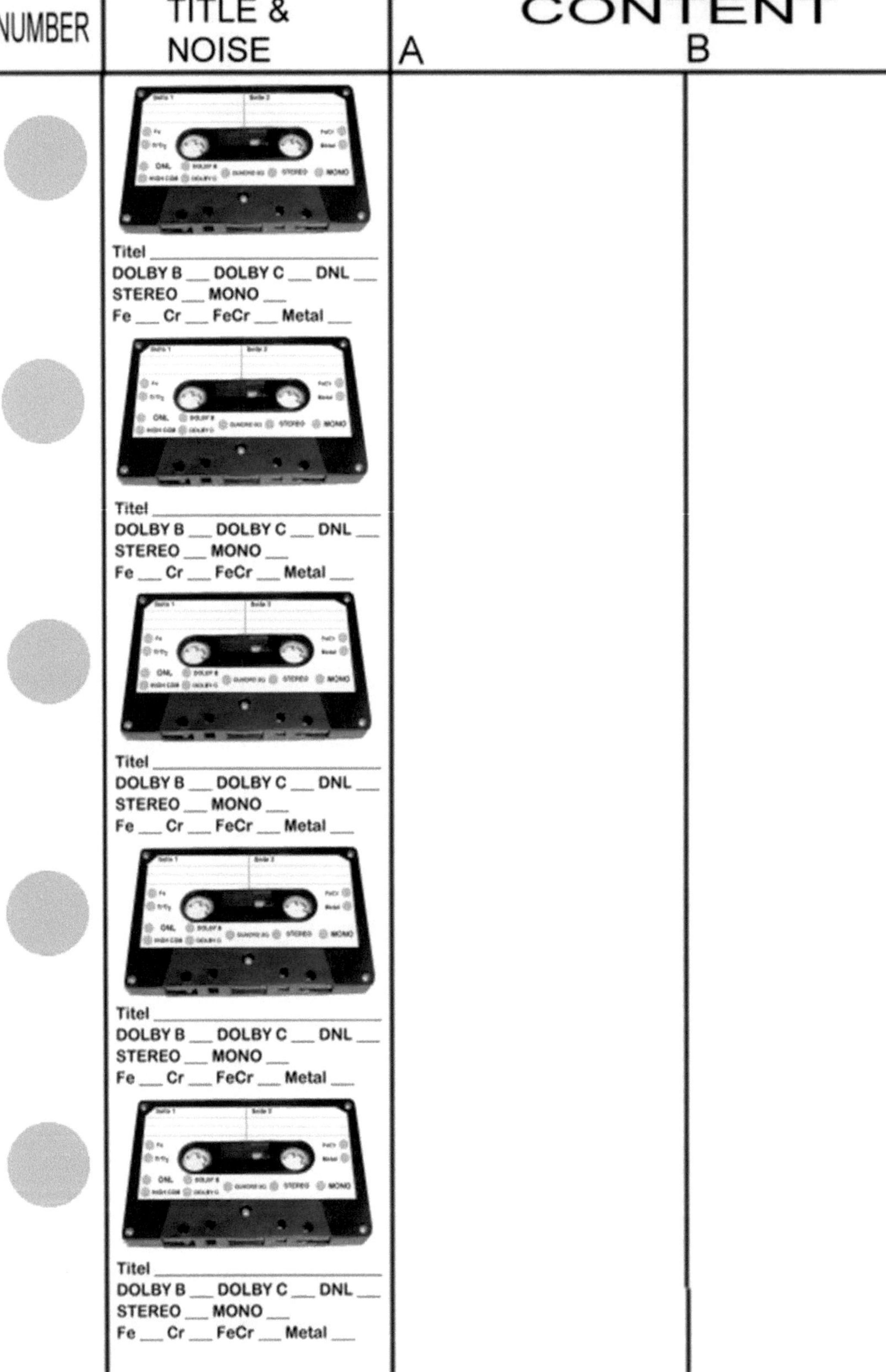

Titel ______________________
DOLBY B ___ DOLBY C ___ DNL ___
STEREO ___ MONO ___
Fe ___ Cr ___ FeCr ___ Metal ___

Titel ______________________
DOLBY B ___ DOLBY C ___ DNL ___
STEREO ___ MONO ___
Fe ___ Cr ___ FeCr ___ Metal ___

Titel ______________________
DOLBY B ___ DOLBY C ___ DNL ___
STEREO ___ MONO ___
Fe ___ Cr ___ FeCr ___ Metal ___

Titel ______________________
DOLBY B ___ DOLBY C ___ DNL ___
STEREO ___ MONO ___
Fe ___ Cr ___ FeCr ___ Metal ___

Titel ______________________
DOLBY B ___ DOLBY C ___ DNL ___
STEREO ___ MONO ___
Fe ___ Cr ___ FeCr ___ Metal ___

<table>
<tr><th>NUMBER</th><th>TITLE &
NOISE</th><th>A</th><th>CONTENT
B</th></tr>
</table>

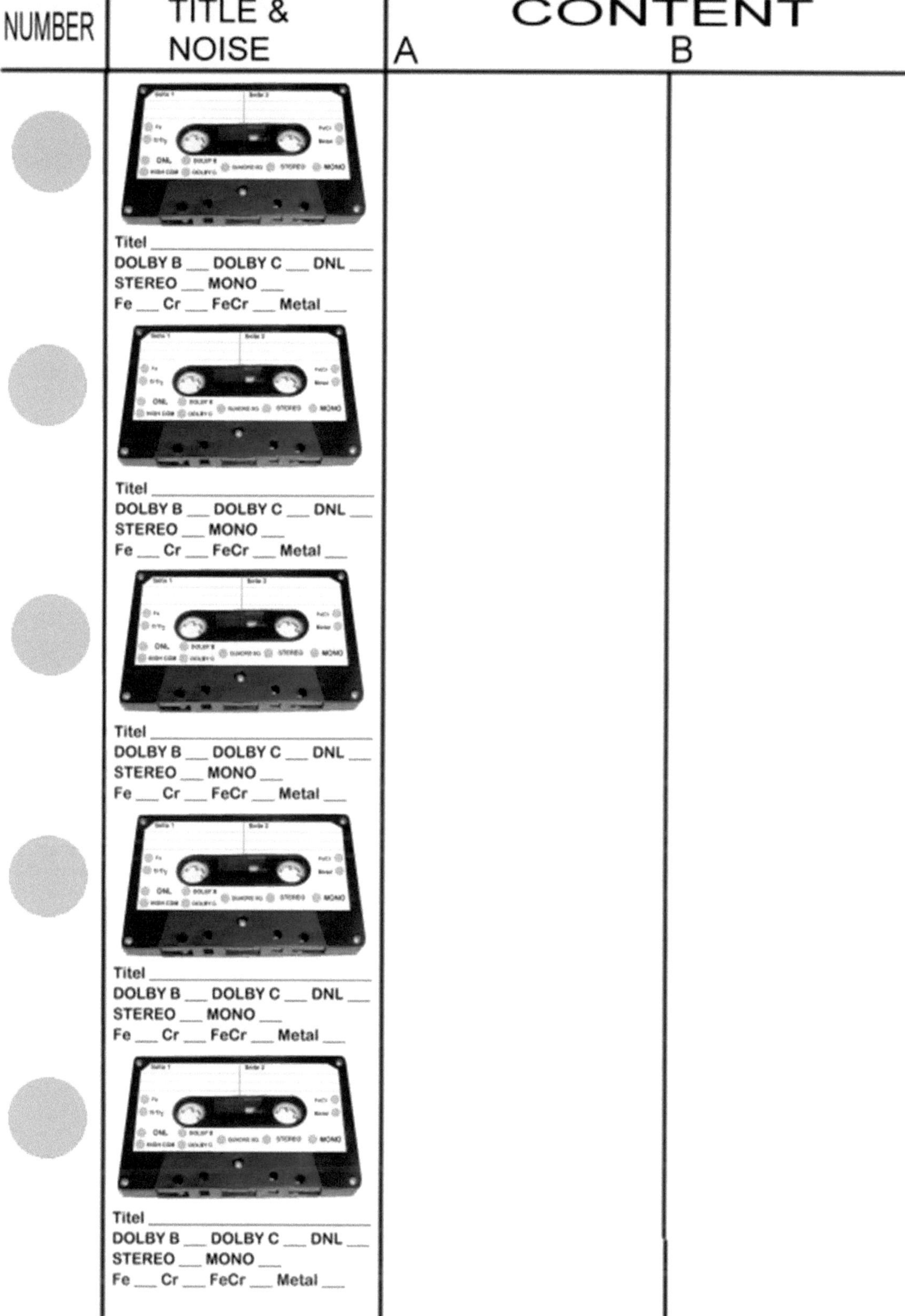

<table>
<tr><th>NUMBER</th><th>TITLE &
NOISE</th><th>A</th><th>CONTENT
B</th></tr>
</table>

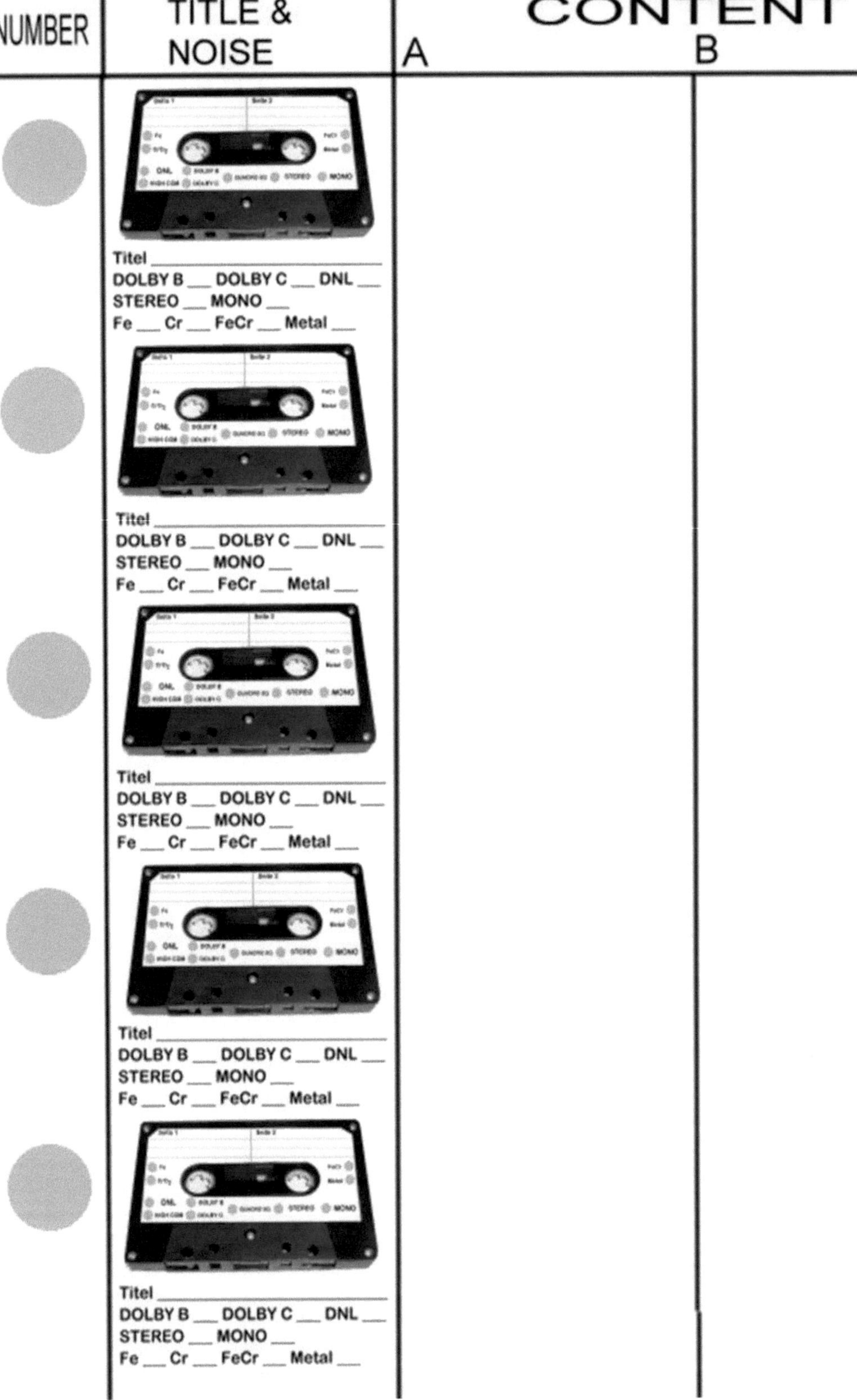

Titel _______________________
DOLBY B ___ DOLBY C ___ DNL ___
STEREO ___ MONO ___
Fe ___ Cr ___ FeCr ___ Metal ___

Titel _______________________
DOLBY B ___ DOLBY C ___ DNL ___
STEREO ___ MONO ___
Fe ___ Cr ___ FeCr ___ Metal ___

Titel _______________________
DOLBY B ___ DOLBY C ___ DNL ___
STEREO ___ MONO ___
Fe ___ Cr ___ FeCr ___ Metal ___

Titel _______________________
DOLBY B ___ DOLBY C ___ DNL ___
STEREO ___ MONO ___
Fe ___ Cr ___ FeCr ___ Metal ___

Titel _______________________
DOLBY B ___ DOLBY C ___ DNL ___
STEREO ___ MONO ___
Fe ___ Cr ___ FeCr ___ Metal ___

<table>
<tr><th>NUMBER</th><th>TITLE &
NOISE</th><th colspan="2">CONTENT</th></tr>
<tr><th></th><th></th><th>A</th><th>B</th></tr>
</table>

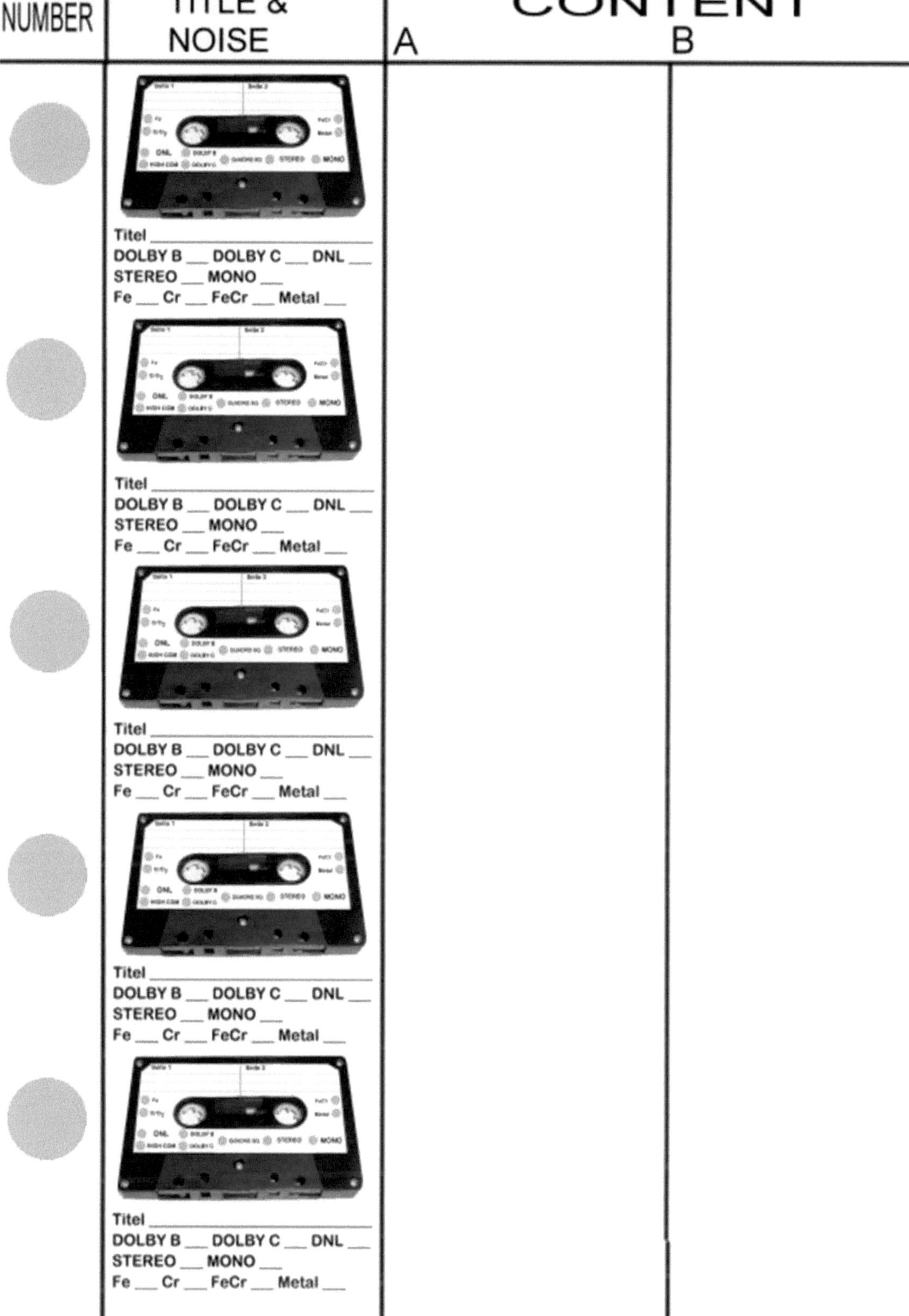

Titel __________

DOLBY B ___ DOLBY C ___ DNL ___
STEREO ___ MONO ___
Fe ___ Cr ___ FeCr ___ Metal ___

Titel __________

DOLBY B ___ DOLBY C ___ DNL ___
STEREO ___ MONO ___
Fe ___ Cr ___ FeCr ___ Metal ___

Titel __________

DOLBY B ___ DOLBY C ___ DNL ___
STEREO ___ MONO ___
Fe ___ Cr ___ FeCr ___ Metal ___

Titel __________

DOLBY B ___ DOLBY C ___ DNL ___
STEREO ___ MONO ___
Fe ___ Cr ___ FeCr ___ Metal ___

Titel __________

DOLBY B ___ DOLBY C ___ DNL ___
STEREO ___ MONO ___
Fe ___ Cr ___ FeCr ___ Metal ___

<table>
<tr><th>NUMBER</th><th>TITLE &
NOISE</th><th>A</th><th>CONTENT
B</th></tr>
</table>

Titel _______________________
DOLBY B ___ DOLBY C ___ DNL ___
STEREO ___ MONO ___
Fe ___ Cr ___ FeCr ___ Metal ___

Titel _______________________
DOLBY B ___ DOLBY C ___ DNL ___
STEREO ___ MONO ___
Fe ___ Cr ___ FeCr ___ Metal ___

Titel _______________________
DOLBY B ___ DOLBY C ___ DNL ___
STEREO ___ MONO ___
Fe ___ Cr ___ FeCr ___ Metal ___

Titel _______________________
DOLBY B ___ DOLBY C ___ DNL ___
STEREO ___ MONO ___
Fe ___ Cr ___ FeCr ___ Metal ___

Titel _______________________
DOLBY B ___ DOLBY C ___ DNL ___
STEREO ___ MONO ___
Fe ___ Cr ___ FeCr ___ Metal ___

<table>
<tr><th>NUMBER</th><th>TITLE & NOISE</th><th>CONTENT
A</th><th>B</th></tr>
</table>

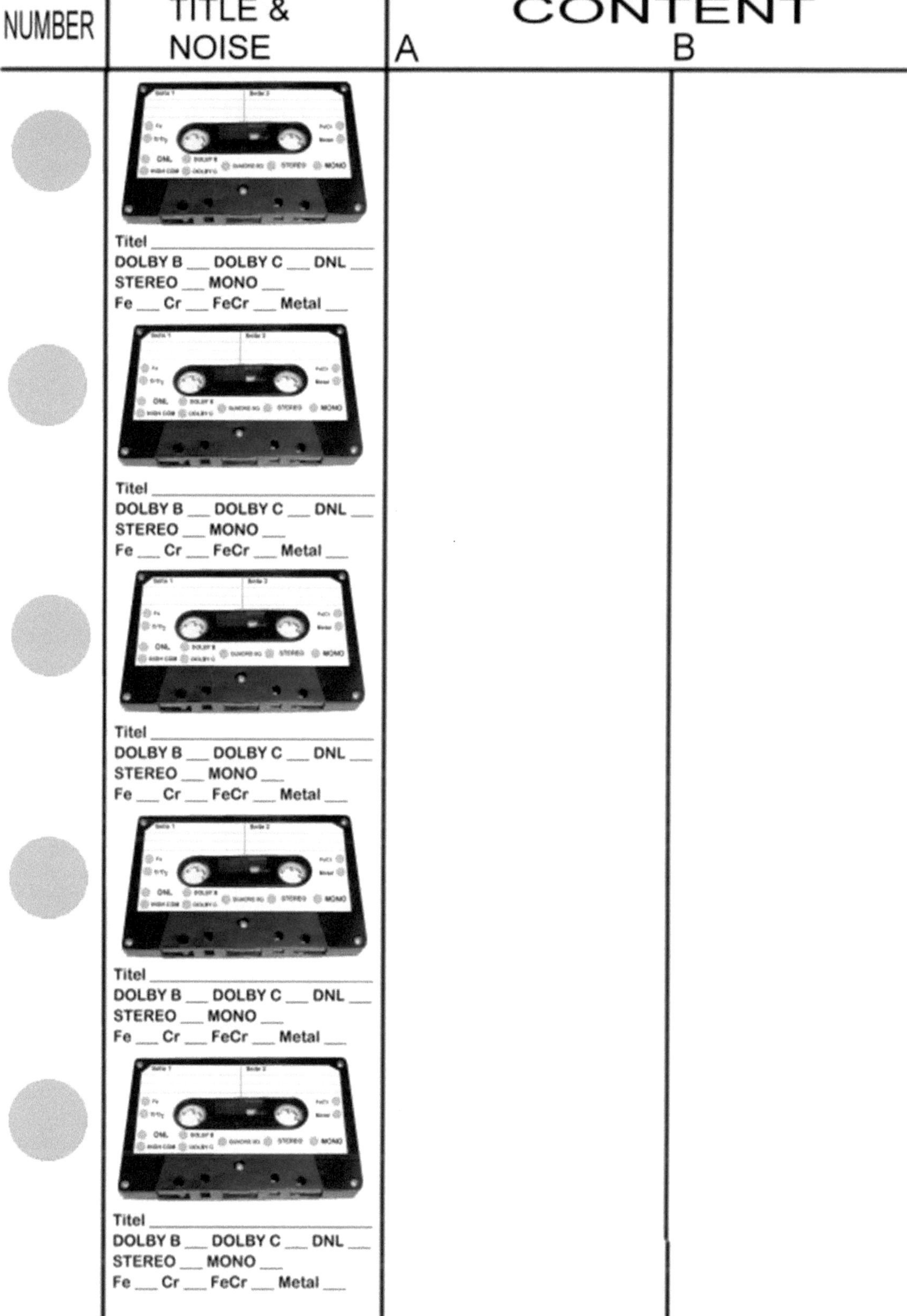

Titel _______________
DOLBY B ___ DOLBY C ___ DNL ___
STEREO ___ MONO ___
Fe ___ Cr ___ FeCr ___ Metal ___

Titel _______________
DOLBY B ___ DOLBY C ___ DNL ___
STEREO ___ MONO ___
Fe ___ Cr ___ FeCr ___ Metal ___

Titel _______________
DOLBY B ___ DOLBY C ___ DNL ___
STEREO ___ MONO ___
Fe ___ Cr ___ FeCr ___ Metal ___

Titel _______________
DOLBY B ___ DOLBY C ___ DNL ___
STEREO ___ MONO ___
Fe ___ Cr ___ FeCr ___ Metal ___

Titel _______________
DOLBY B ___ DOLBY C ___ DNL ___
STEREO ___ MONO ___
Fe ___ Cr ___ FeCr ___ Metal ___

<table>
<tr><th>NUMBER</th><th>TITLE &
NOISE</th><th>A</th><th>CONTENT
B</th></tr>
</table>

Titel _______________________
DOLBY B ___ DOLBY C ___ DNL ___
STEREO ___ MONO ___
Fe ___ Cr ___ FeCr ___ Metal ___

Titel _______________________
DOLBY B ___ DOLBY C ___ DNL ___
STEREO ___ MONO ___
Fe ___ Cr ___ FeCr ___ Metal ___

Titel _______________________
DOLBY B ___ DOLBY C ___ DNL ___
STEREO ___ MONO ___
Fe ___ Cr ___ FeCr ___ Metal ___

Titel _______________________
DOLBY B ___ DOLBY C ___ DNL ___
STEREO ___ MONO ___
Fe ___ Cr ___ FeCr ___ Metal ___

Titel _______________________
DOLBY B ___ DOLBY C ___ DNL ___
STEREO ___ MONO ___
Fe ___ Cr ___ FeCr ___ Metal ___

<table>
<tr><th>NUMBER</th><th>TITLE &
NOISE</th><th>CONTENT
A</th><th>B</th></tr>
<tr><td></td><td>

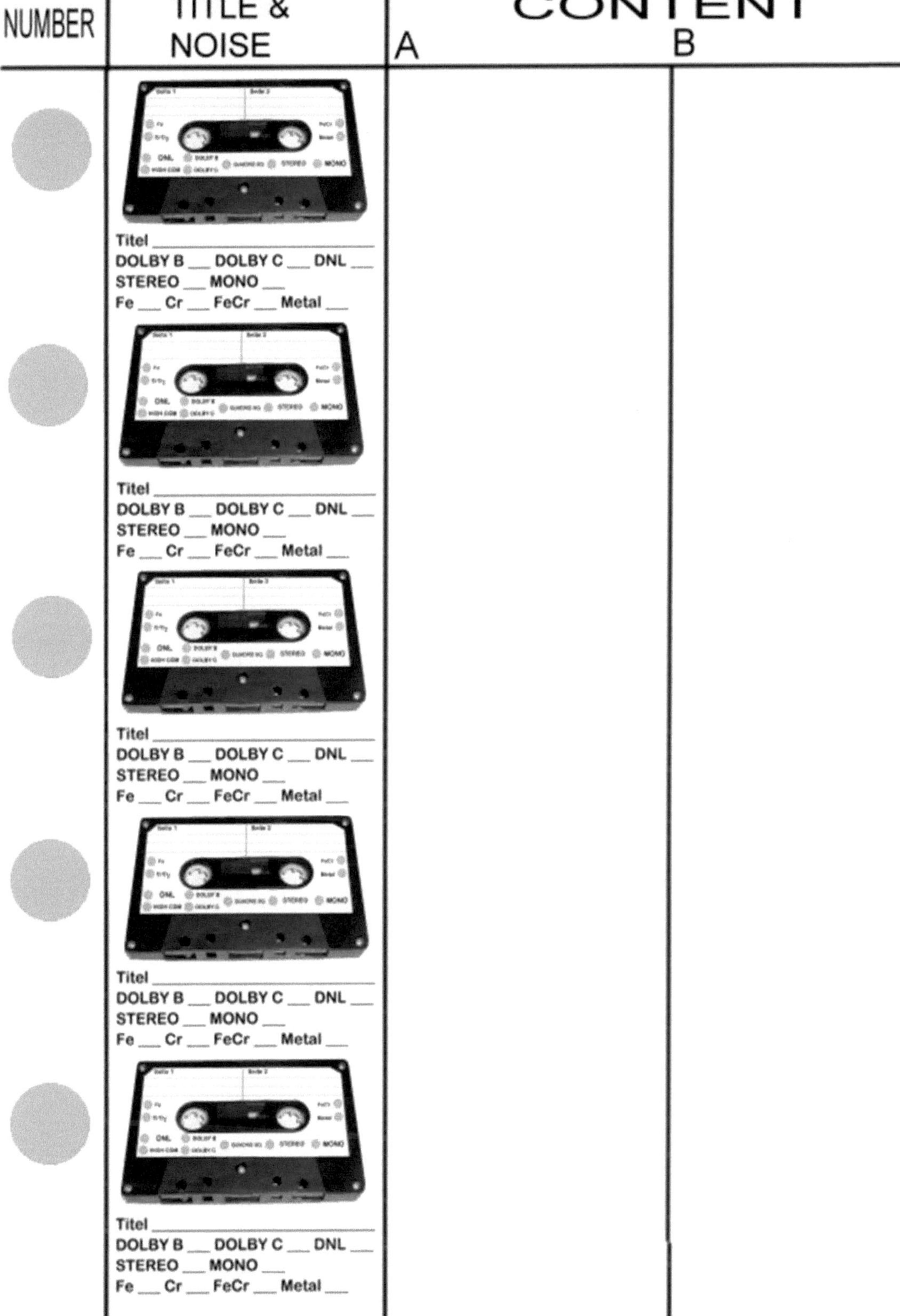

Titel _______________
DOLBY B ___ DOLBY C ___ DNL ___
STEREO ___ MONO ___
Fe ___ Cr ___ FeCr ___ Metal ___

Titel _______________
DOLBY B ___ DOLBY C ___ DNL ___
STEREO ___ MONO ___
Fe ___ Cr ___ FeCr ___ Metal ___

Titel _______________
DOLBY B ___ DOLBY C ___ DNL ___
STEREO ___ MONO ___
Fe ___ Cr ___ FeCr ___ Metal ___

Titel _______________
DOLBY B ___ DOLBY C ___ DNL ___
STEREO ___ MONO ___
Fe ___ Cr ___ FeCr ___ Metal ___

Titel _______________
DOLBY B ___ DOLBY C ___ DNL ___
STEREO ___ MONO ___
Fe ___ Cr ___ FeCr ___ Metal ___

</td><td></td><td></td></tr>
</table>

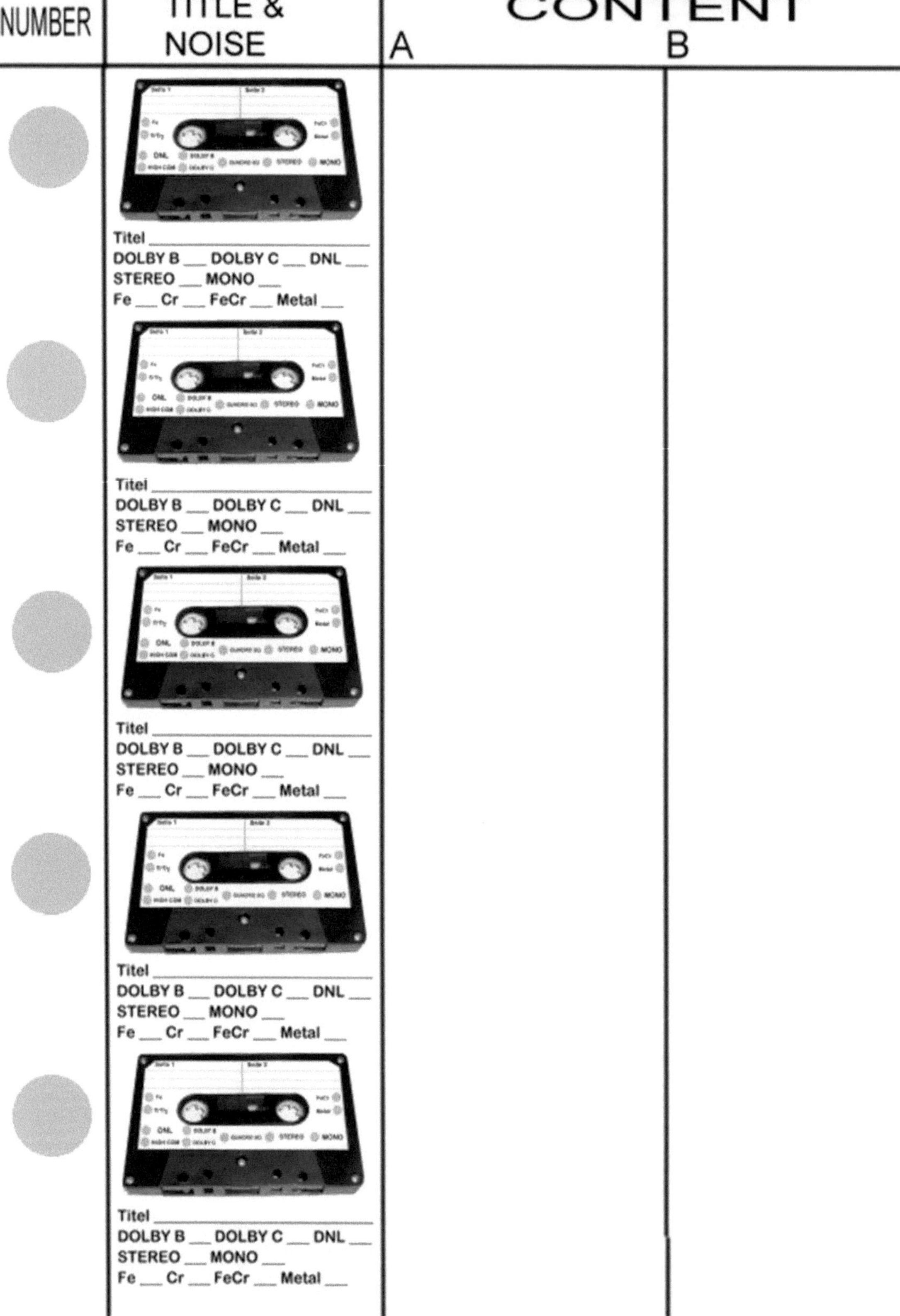

NUMBER	TITLE & NOISE	A	CONTENT B

Titel ______________________________
DOLBY B ___ DOLBY C ___ DNL ___
STEREO ___ MONO ___
Fe ___ Cr ___ FeCr ___ Metal ___

Titel ______________________________
DOLBY B ___ DOLBY C ___ DNL ___
STEREO ___ MONO ___
Fe ___ Cr ___ FeCr ___ Metal ___

Titel ______________________________
DOLBY B ___ DOLBY C ___ DNL ___
STEREO ___ MONO ___
Fe ___ Cr ___ FeCr ___ Metal ___

Titel ______________________________
DOLBY B ___ DOLBY C ___ DNL ___
STEREO ___ MONO ___
Fe ___ Cr ___ FeCr ___ Metal ___

Titel ______________________________
DOLBY B ___ DOLBY C ___ DNL ___
STEREO ___ MONO ___
Fe ___ Cr ___ FeCr ___ Metal ___

<table>
<tr><th>NUMBER</th><th>TITLE &
NOISE</th><th>CONTENT
A</th><th>B</th></tr>
</table>

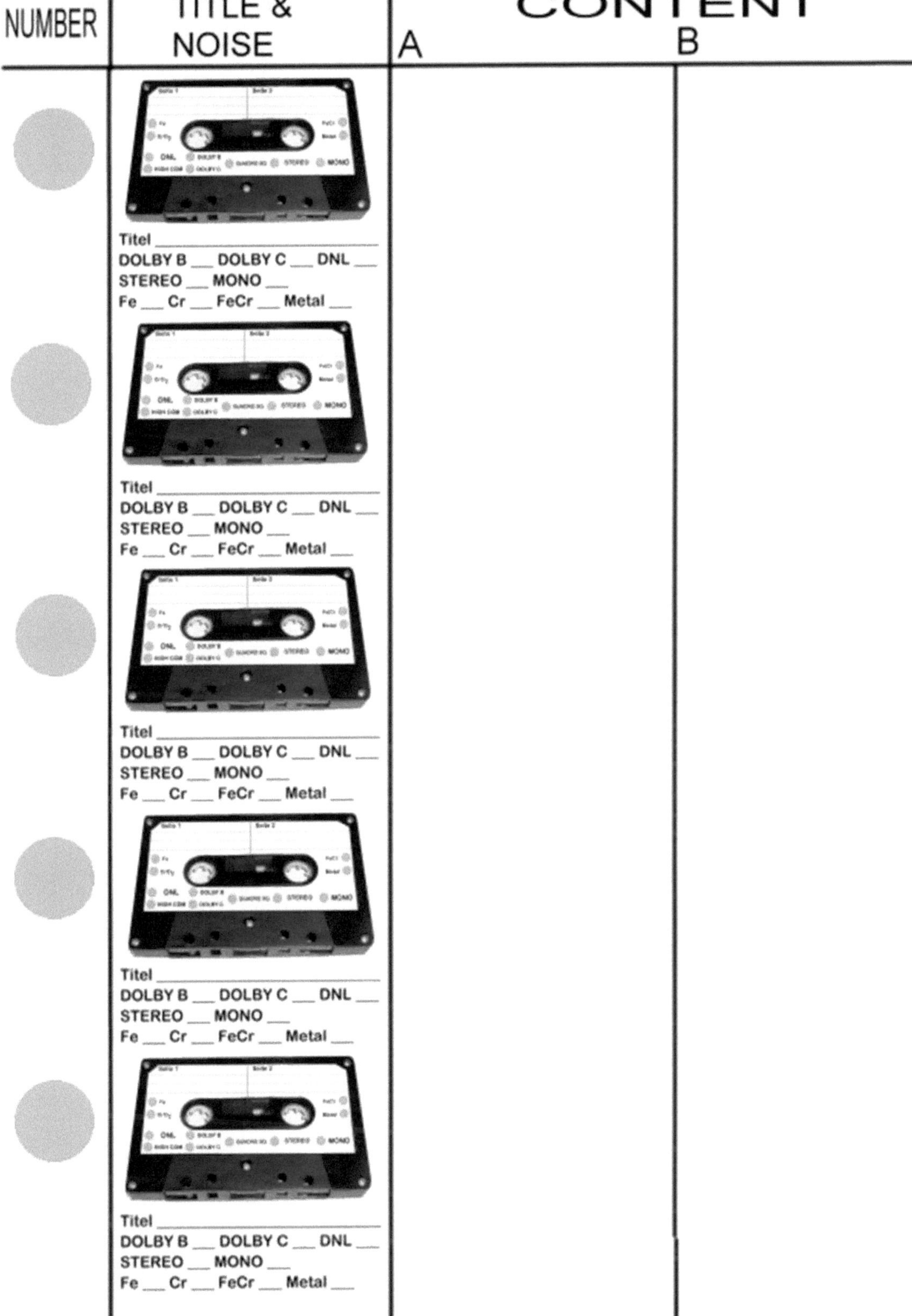

<table>
<tr><th>NUMBER</th><th colspan="2">TITLE &
NOISE</th><th colspan="2">CONTENT</th></tr>
<tr><th></th><th></th><th>A</th><th colspan="2">B</th></tr>
</table>

Titel ________________________
DOLBY B ___ DOLBY C ___ DNL ___
STEREO ___ MONO ___
Fe ___ Cr ___ FeCr ___ Metal ___

Titel ________________________
DOLBY B ___ DOLBY C ___ DNL ___
STEREO ___ MONO ___
Fe ___ Cr ___ FeCr ___ Metal ___

Titel ________________________
DOLBY B ___ DOLBY C ___ DNL ___
STEREO ___ MONO ___
Fe ___ Cr ___ FeCr ___ Metal ___

Titel ________________________
DOLBY B ___ DOLBY C ___ DNL ___
STEREO ___ MONO ___
Fe ___ Cr ___ FeCr ___ Metal ___

Titel ________________________
DOLBY B ___ DOLBY C ___ DNL ___
STEREO ___ MONO ___
Fe ___ Cr ___ FeCr ___ Metal ___

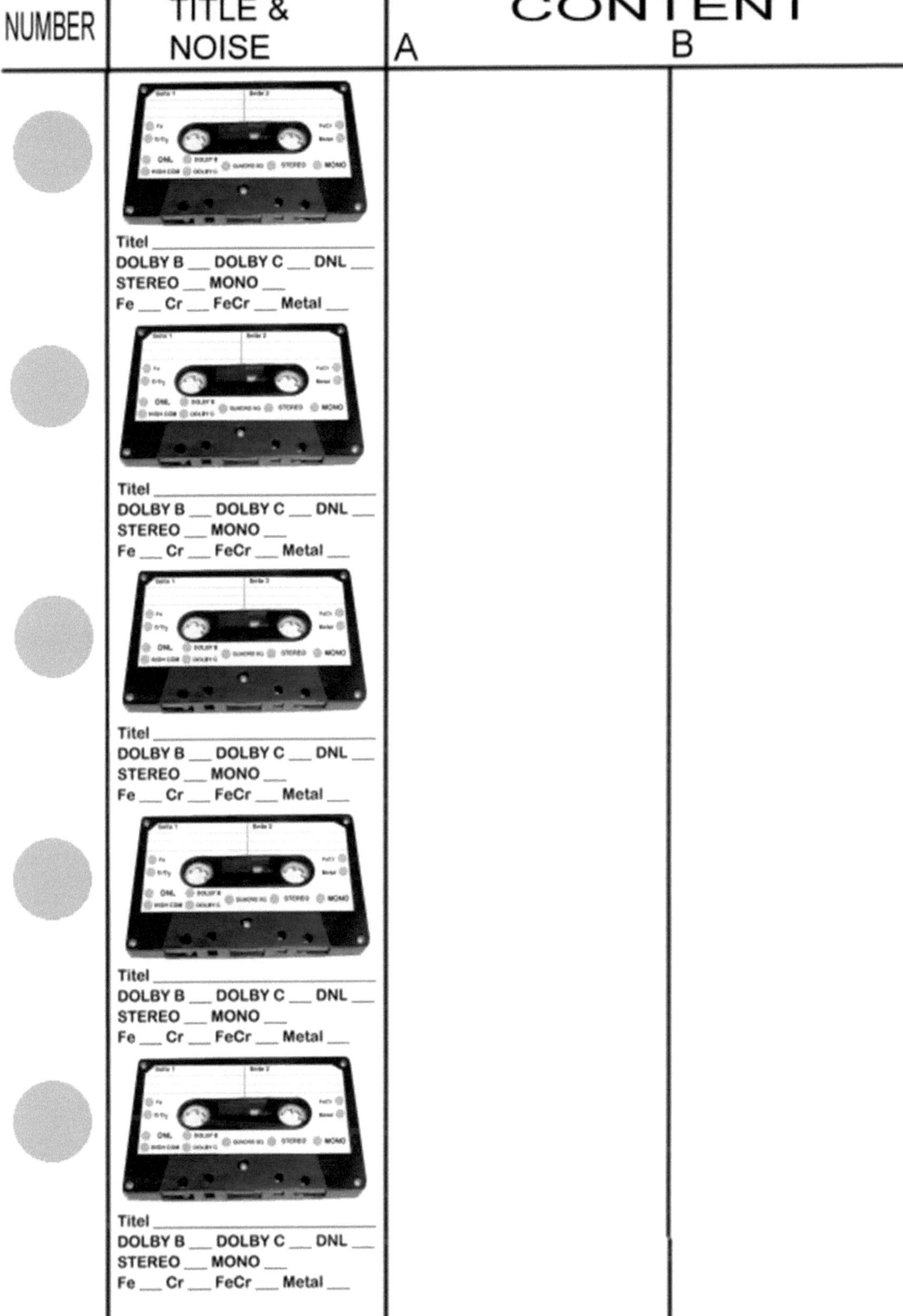

NUMBER	TITLE & NOISE	CONTENT	
		A	B

Titel _______________
DOLBY B ___ DOLBY C ___ DNL ___
STEREO ___ MONO ___
Fe ___ Cr ___ FeCr ___ Metal ___

Titel _______________
DOLBY B ___ DOLBY C ___ DNL ___
STEREO ___ MONO ___
Fe ___ Cr ___ FeCr ___ Metal ___

Titel _______________
DOLBY B ___ DOLBY C ___ DNL ___
STEREO ___ MONO ___
Fe ___ Cr ___ FeCr ___ Metal ___

Titel _______________
DOLBY B ___ DOLBY C ___ DNL ___
STEREO ___ MONO ___
Fe ___ Cr ___ FeCr ___ Metal ___

Titel _______________
DOLBY B ___ DOLBY C ___ DNL ___
STEREO ___ MONO ___
Fe ___ Cr ___ FeCr ___ Metal ___

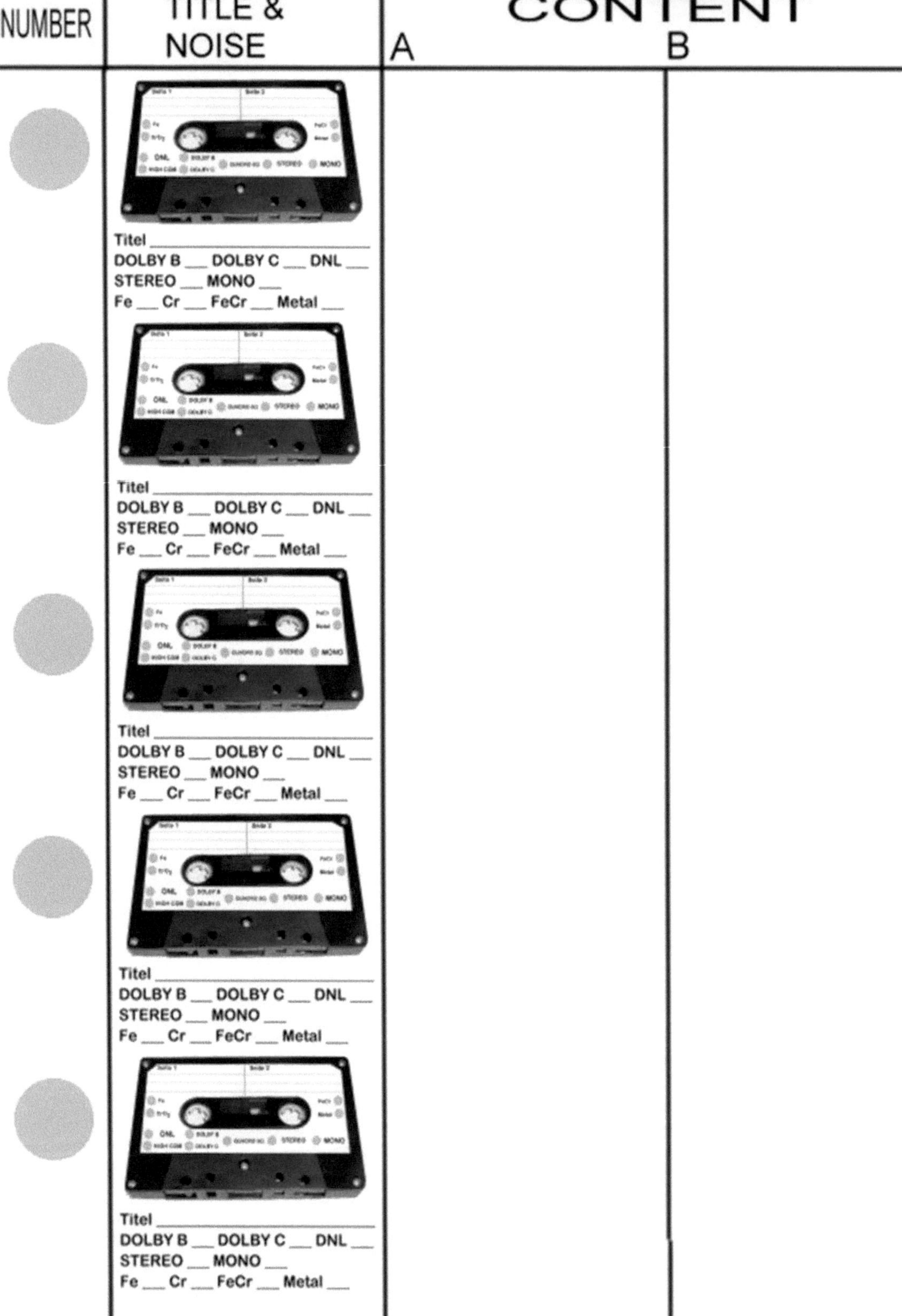

NUMBER	TITLE & NOISE	CONTENT A	B

Titel ___________________
DOLBY B ___ DOLBY C ___ DNL ___
STEREO ___ MONO ___
Fe ___ Cr ___ FeCr ___ Metal ___

Titel ___________________
DOLBY B ___ DOLBY C ___ DNL ___
STEREO ___ MONO ___
Fe ___ Cr ___ FeCr ___ Metal ___

Titel ___________________
DOLBY B ___ DOLBY C ___ DNL ___
STEREO ___ MONO ___
Fe ___ Cr ___ FeCr ___ Metal ___

Titel ___________________
DOLBY B ___ DOLBY C ___ DNL ___
STEREO ___ MONO ___
Fe ___ Cr ___ FeCr ___ Metal ___

Titel ___________________
DOLBY B ___ DOLBY C ___ DNL ___
STEREO ___ MONO ___
Fe ___ Cr ___ FeCr ___ Metal ___

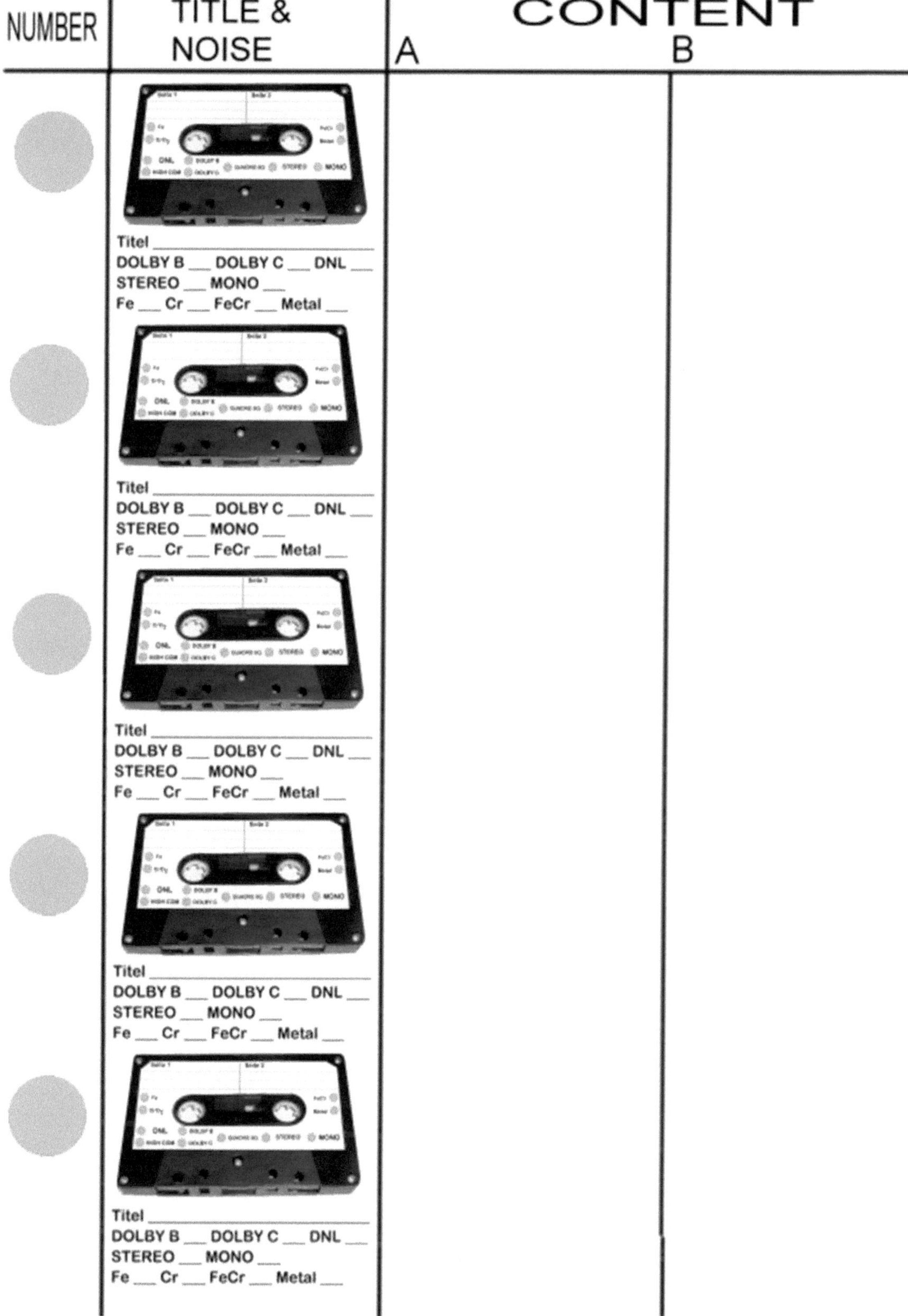

Titel _______________________
DOLBY B ___ DOLBY C ___ DNL ___
STEREO ___ MONO ___
Fe ___ Cr ___ FeCr ___ Metal ___

Titel _______________________
DOLBY B ___ DOLBY C ___ DNL ___
STEREO ___ MONO ___
Fe ___ Cr ___ FeCr ___ Metal ___

Titel _______________________
DOLBY B ___ DOLBY C ___ DNL ___
STEREO ___ MONO ___
Fe ___ Cr ___ FeCr ___ Metal ___

Titel _______________________
DOLBY B ___ DOLBY C ___ DNL ___
STEREO ___ MONO ___
Fe ___ Cr ___ FeCr ___ Metal ___

Titel _______________________
DOLBY B ___ DOLBY C ___ DNL ___
STEREO ___ MONO ___
Fe ___ Cr ___ FeCr ___ Metal ___

<table>
<tr><th>NUMBER</th><th>TITLE & NOISE</th><th>CONTENT
A</th><th>B</th></tr>
</table>

NUMBER	TITLE & NOISE	CONTENT	
		A	B

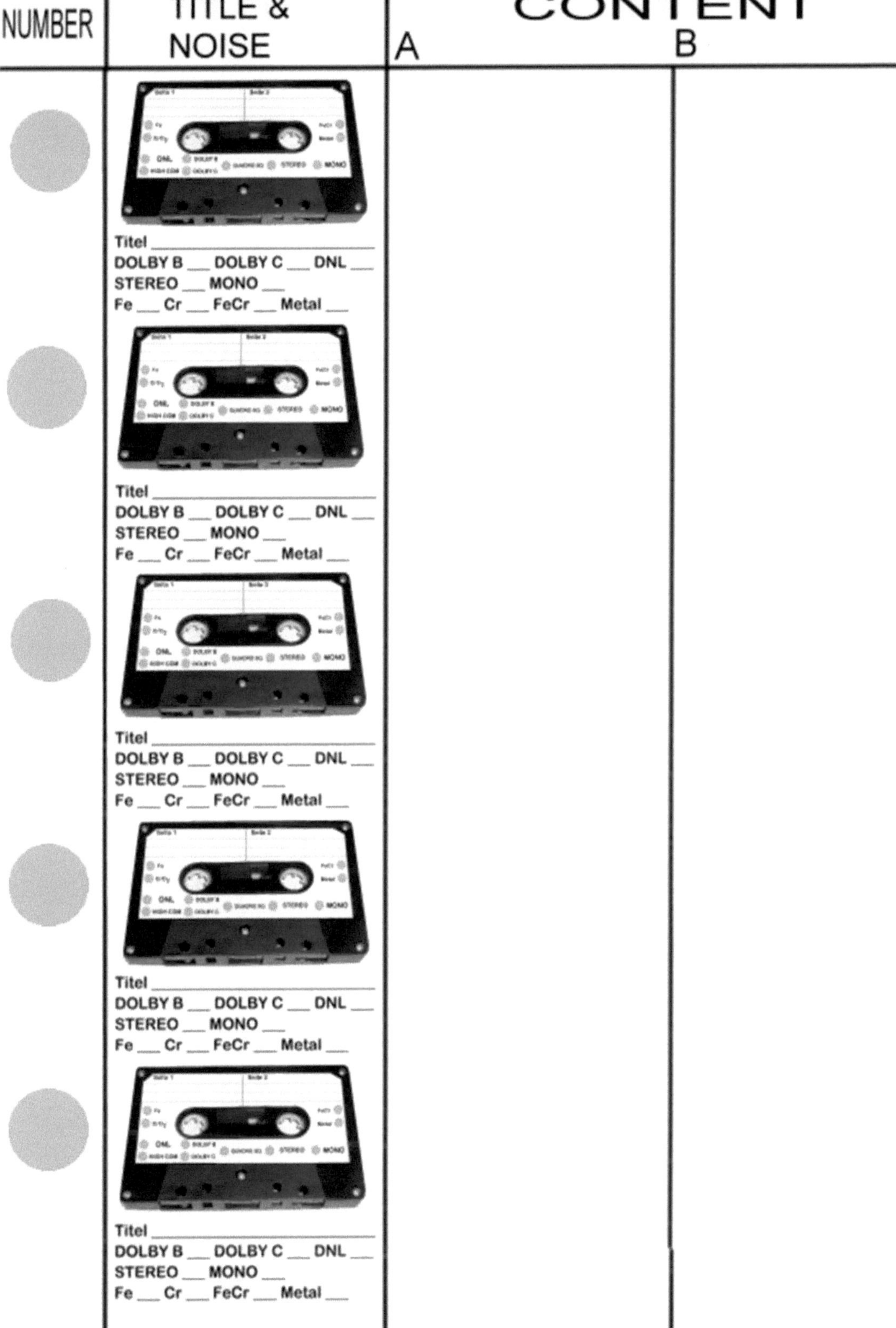

Titel _______________________________
DOLBY B ___ DOLBY C ___ DNL ___
STEREO ___ MONO ___
Fe ___ Cr ___ FeCr ___ Metal ___

Titel _______________________________
DOLBY B ___ DOLBY C ___ DNL ___
STEREO ___ MONO ___
Fe ___ Cr ___ FeCr ___ Metal ___

Titel _______________________________
DOLBY B ___ DOLBY C ___ DNL ___
STEREO ___ MONO ___
Fe ___ Cr ___ FeCr ___ Metal ___

Titel _______________________________
DOLBY B ___ DOLBY C ___ DNL ___
STEREO ___ MONO ___
Fe ___ Cr ___ FeCr ___ Metal ___

Titel _______________________________
DOLBY B ___ DOLBY C ___ DNL ___
STEREO ___ MONO ___
Fe ___ Cr ___ FeCr ___ Metal ___

<table>
<tr><th>NUMBER</th><th>TITLE & NOISE</th><th>A</th><th>CONTENT
B</th></tr>
</table>

Titel ______________________
DOLBY B ___ DOLBY C ___ DNL ___
STEREO ___ MONO ___
Fe ___ Cr ___ FeCr ___ Metal ___

Titel ______________________
DOLBY B ___ DOLBY C ___ DNL ___
STEREO ___ MONO ___
Fe ___ Cr ___ FeCr ___ Metal ___

Titel ______________________
DOLBY B ___ DOLBY C ___ DNL ___
STEREO ___ MONO ___
Fe ___ Cr ___ FeCr ___ Metal ___

Titel ______________________
DOLBY B ___ DOLBY C ___ DNL ___
STEREO ___ MONO ___
Fe ___ Cr ___ FeCr ___ Metal ___

Titel ______________________
DOLBY B ___ DOLBY C ___ DNL ___
STEREO ___ MONO ___
Fe ___ Cr ___ FeCr ___ Metal ___

NUMBER	TITLE & NOISE	CONTENT A	B

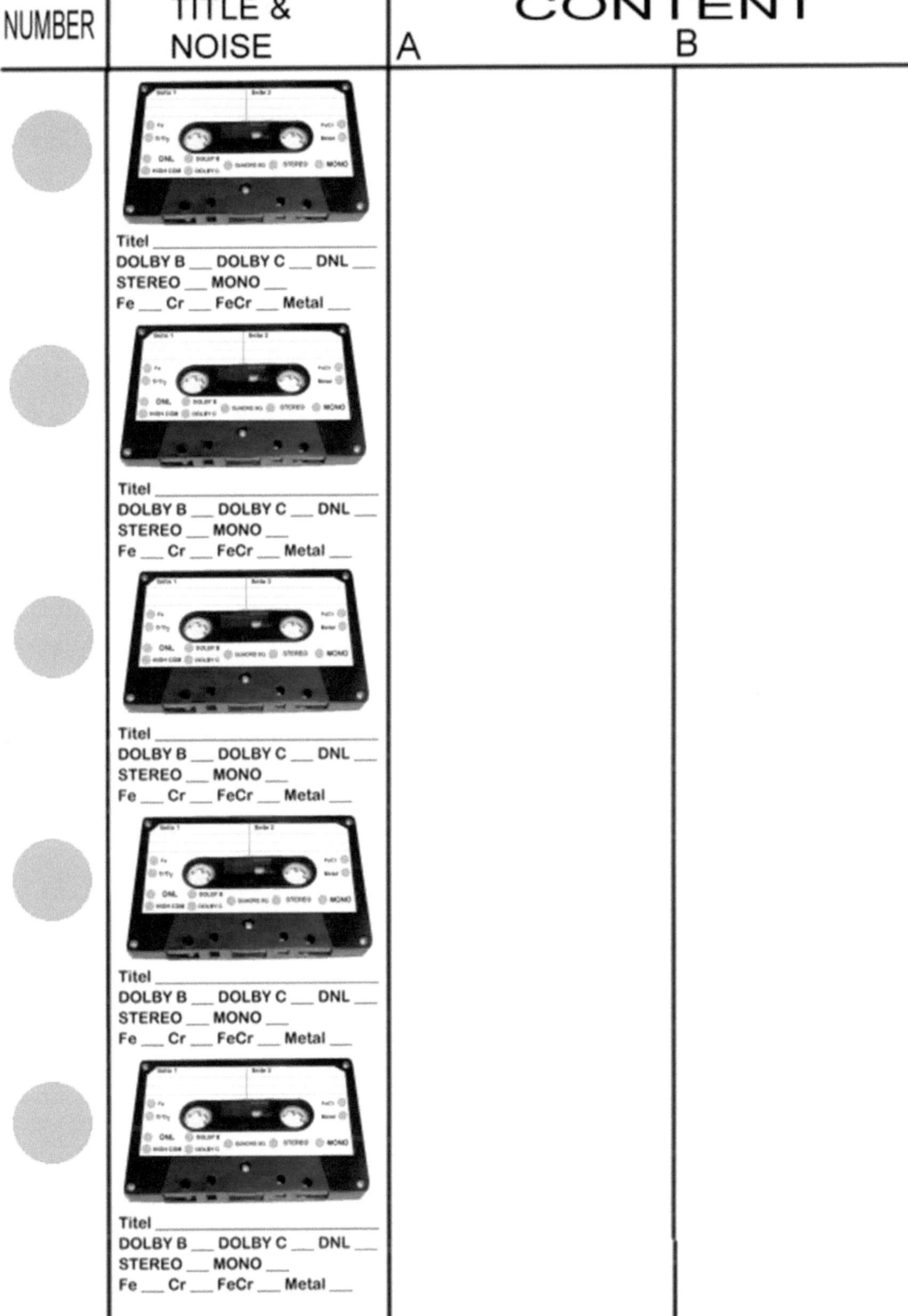

Titel ______________________
DOLBY B ___ DOLBY C ___ DNL ___
STEREO ___ MONO ___
Fe ___ Cr ___ FeCr ___ Metal ___

Titel ______________________
DOLBY B ___ DOLBY C ___ DNL ___
STEREO ___ MONO ___
Fe ___ Cr ___ FeCr ___ Metal ___

Titel ______________________
DOLBY B ___ DOLBY C ___ DNL ___
STEREO ___ MONO ___
Fe ___ Cr ___ FeCr ___ Metal ___

Titel ______________________
DOLBY B ___ DOLBY C ___ DNL ___
STEREO ___ MONO ___
Fe ___ Cr ___ FeCr ___ Metal ___

Titel ______________________
DOLBY B ___ DOLBY C ___ DNL ___
STEREO ___ MONO ___
Fe ___ Cr ___ FeCr ___ Metal ___

<table>
<tr><th>NUMBER</th><th>TITLE &
NOISE</th><th>A</th><th>CONTENT
B</th></tr>
</table>

Titel ______________________
DOLBY B ___ **DOLBY C** ___ **DNL** ___
STEREO ___ **MONO** ___
Fe ___ **Cr** ___ **FeCr** ___ **Metal** ___

Titel ______________________
DOLBY B ___ **DOLBY C** ___ **DNL** ___
STEREO ___ **MONO** ___
Fe ___ **Cr** ___ **FeCr** ___ **Metal** ___

Titel ______________________
DOLBY B ___ **DOLBY C** ___ **DNL** ___
STEREO ___ **MONO** ___
Fe ___ **Cr** ___ **FeCr** ___ **Metal** ___

Titel ______________________
DOLBY B ___ **DOLBY C** ___ **DNL** ___
STEREO ___ **MONO** ___
Fe ___ **Cr** ___ **FeCr** ___ **Metal** ___

Titel ______________________
DOLBY B ___ **DOLBY C** ___ **DNL** ___
STEREO ___ **MONO** ___
Fe ___ **Cr** ___ **FeCr** ___ **Metal** ___

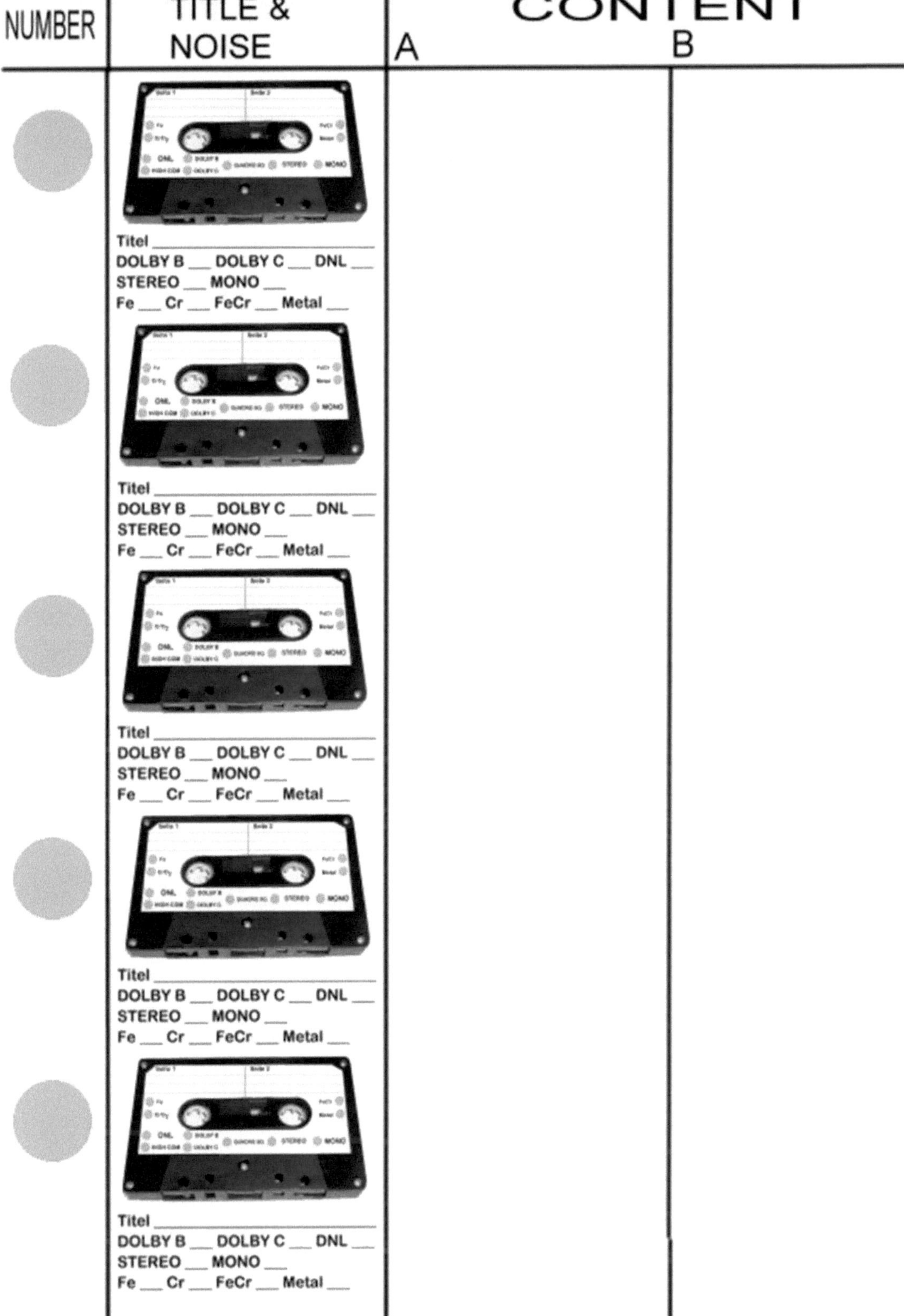

NUMBER	TITLE & NOISE	CONTENT	
		A	B
	Titel _______________ DOLBY B ___ DOLBY C ___ DNL ___ STEREO ___ MONO ___ Fe ___ Cr ___ FeCr ___ Metal ___		
	Titel _______________ DOLBY B ___ DOLBY C ___ DNL ___ STEREO ___ MONO ___ Fe ___ Cr ___ FeCr ___ Metal ___		
	Titel _______________ DOLBY B ___ DOLBY C ___ DNL ___ STEREO ___ MONO ___ Fe ___ Cr ___ FeCr ___ Metal ___		
	Titel _______________ DOLBY B ___ DOLBY C ___ DNL ___ STEREO ___ MONO ___ Fe ___ Cr ___ FeCr ___ Metal ___		
	Titel _______________ DOLBY B ___ DOLBY C ___ DNL ___ STEREO ___ MONO ___ Fe ___ Cr ___ FeCr ___ Metal ___		

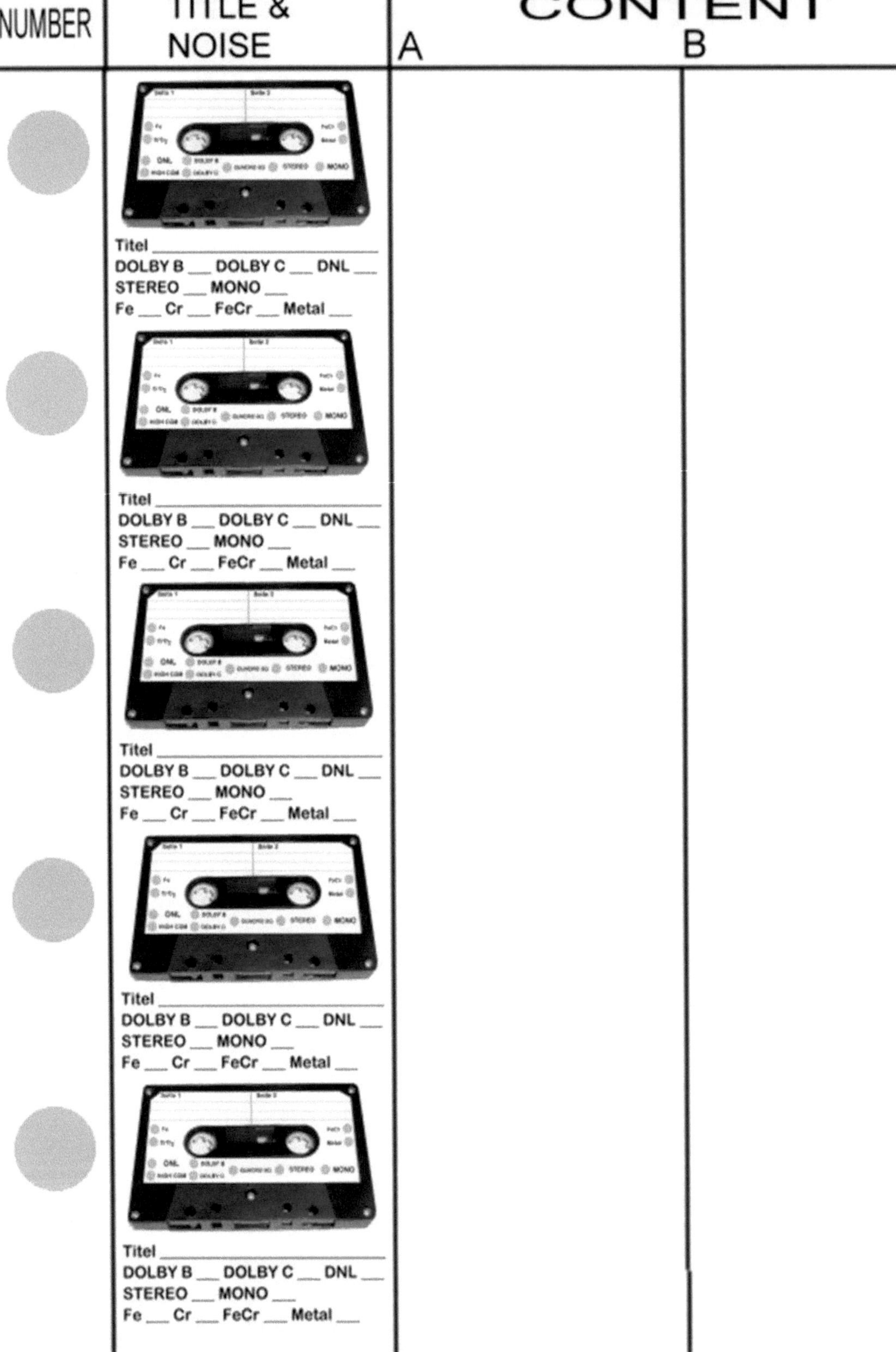

NUMBER	TITLE & NOISE	CONTENT A	B

Titel ____________________
DOLBY B ___ DOLBY C ___ DNL ___
STEREO ___ MONO ___
Fe ___ Cr ___ FeCr ___ Metal ___

Titel ____________________
DOLBY B ___ DOLBY C ___ DNL ___
STEREO ___ MONO ___
Fe ___ Cr ___ FeCr ___ Metal ___

Titel ____________________
DOLBY B ___ DOLBY C ___ DNL ___
STEREO ___ MONO ___
Fe ___ Cr ___ FeCr ___ Metal ___

Titel ____________________
DOLBY B ___ DOLBY C ___ DNL ___
STEREO ___ MONO ___
Fe ___ Cr ___ FeCr ___ Metal ___

Titel ____________________
DOLBY B ___ DOLBY C ___ DNL ___
STEREO ___ MONO ___
Fe ___ Cr ___ FeCr ___ Metal ___

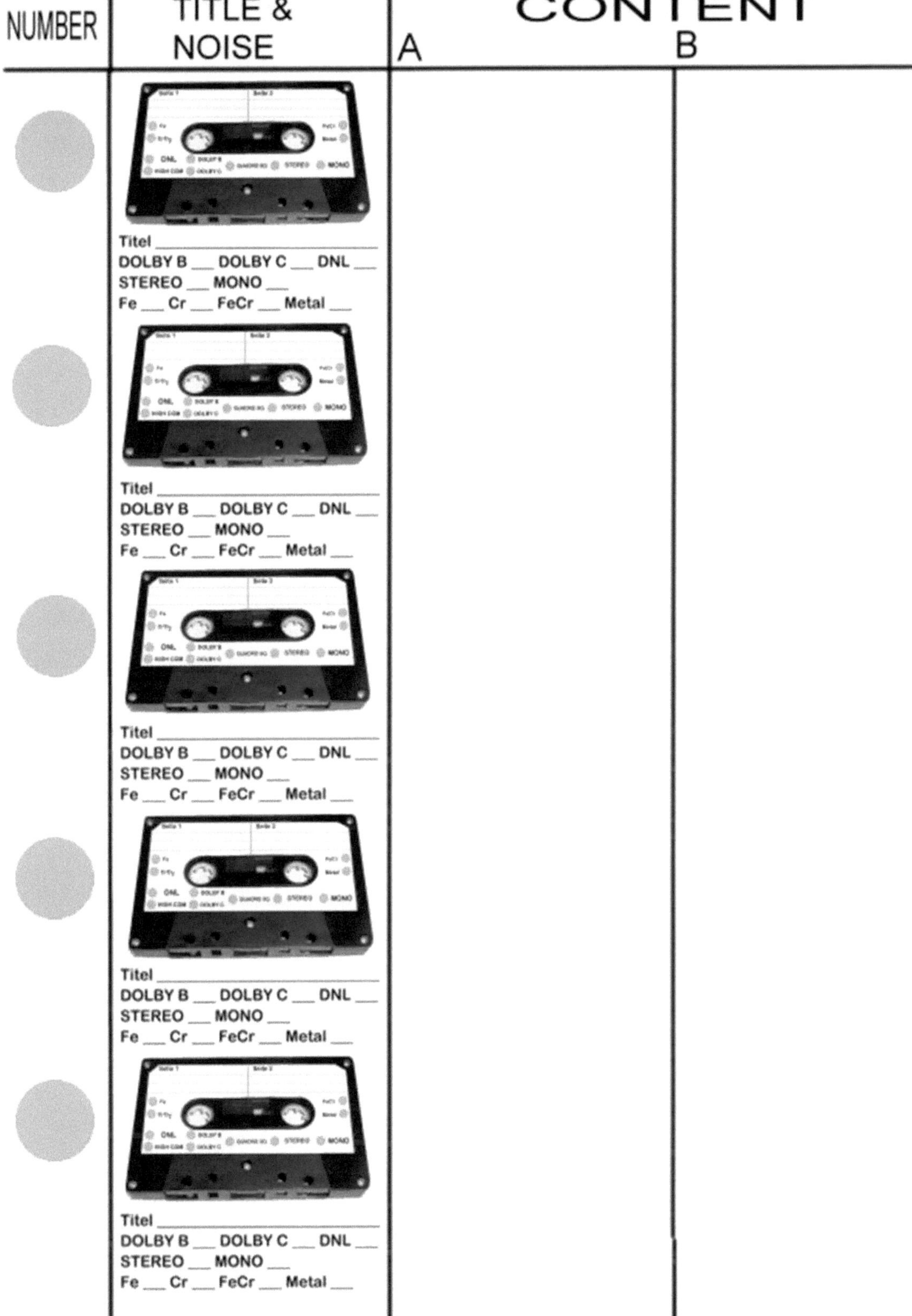

NUMBER	TITLE & NOISE	CONTENT	
		A	B

Titel _______________
DOLBY B ___ DOLBY C ___ DNL ___
STEREO ___ MONO ___
Fe ___ Cr ___ FeCr ___ Metal ___

Titel _______________
DOLBY B ___ DOLBY C ___ DNL ___
STEREO ___ MONO ___
Fe ___ Cr ___ FeCr ___ Metal ___

Titel _______________
DOLBY B ___ DOLBY C ___ DNL ___
STEREO ___ MONO ___
Fe ___ Cr ___ FeCr ___ Metal ___

Titel _______________
DOLBY B ___ DOLBY C ___ DNL ___
STEREO ___ MONO ___
Fe ___ Cr ___ FeCr ___ Metal ___

Titel _______________
DOLBY B ___ DOLBY C ___ DNL ___
STEREO ___ MONO ___
Fe ___ Cr ___ FeCr ___ Metal ___

<table>
<tr><th>NUMBER</th><th>TITLE & NOISE</th><th>A</th><th>CONTENT B</th></tr>
</table>

Titel ________________________
DOLBY B ___ DOLBY C ___ DNL ___
STEREO ___ MONO ___
Fe ___ Cr ___ FeCr ___ Metal ___

Titel ________________________
DOLBY B ___ DOLBY C ___ DNL ___
STEREO ___ MONO ___
Fe ___ Cr ___ FeCr ___ Metal ___

Titel ________________________
DOLBY B ___ DOLBY C ___ DNL ___
STEREO ___ MONO ___
Fe ___ Cr ___ FeCr ___ Metal ___

Titel ________________________
DOLBY B ___ DOLBY C ___ DNL ___
STEREO ___ MONO ___
Fe ___ Cr ___ FeCr ___ Metal ___

Titel ________________________
DOLBY B ___ DOLBY C ___ DNL ___
STEREO ___ MONO ___
Fe ___ Cr ___ FeCr ___ Metal ___

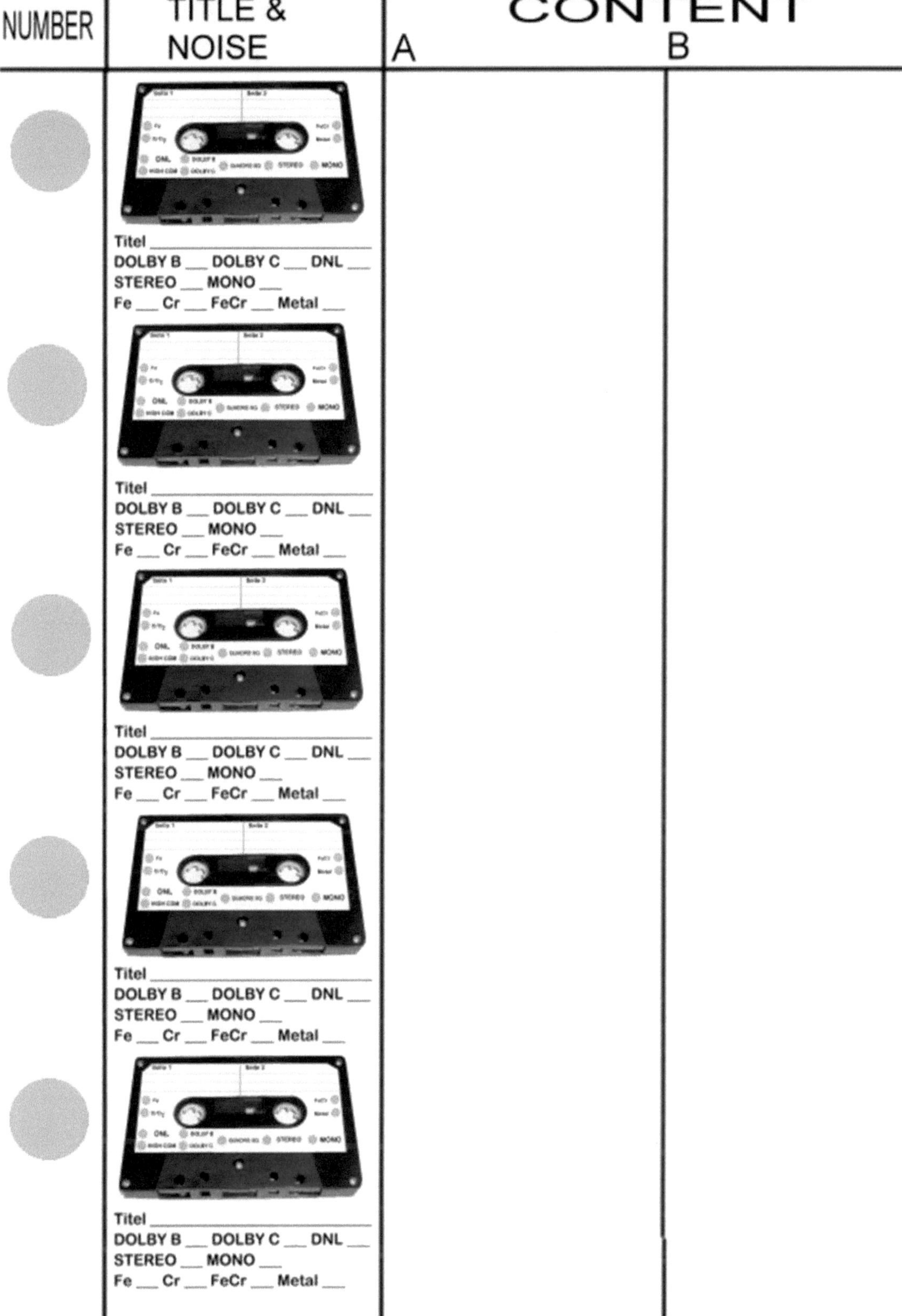

NUMBER	TITLE & NOISE	CONTENT A	B

Titel _______________
DOLBY B ___ DOLBY C ___ DNL ___
STEREO ___ MONO ___
Fe ___ Cr ___ FeCr ___ Metal ___

Titel _______________
DOLBY B ___ DOLBY C ___ DNL ___
STEREO ___ MONO ___
Fe ___ Cr ___ FeCr ___ Metal ___

Titel _______________
DOLBY B ___ DOLBY C ___ DNL ___
STEREO ___ MONO ___
Fe ___ Cr ___ FeCr ___ Metal ___

Titel _______________
DOLBY B ___ DOLBY C ___ DNL ___
STEREO ___ MONO ___
Fe ___ Cr ___ FeCr ___ Metal ___

Titel _______________
DOLBY B ___ DOLBY C ___ DNL ___
STEREO ___ MONO ___
Fe ___ Cr ___ FeCr ___ Metal ___

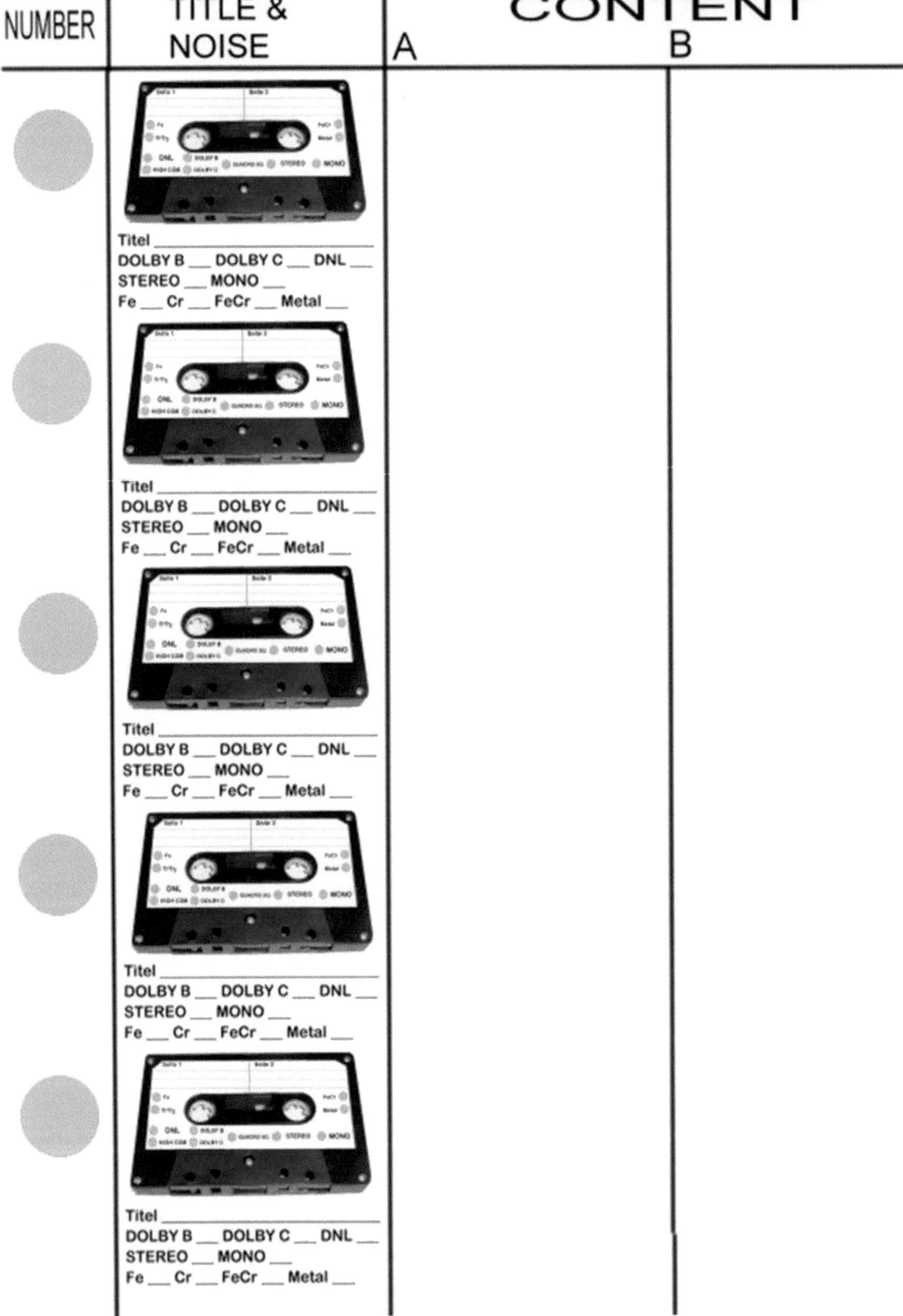

NUMBER	TITLE & NOISE	CONTENT A	B
	Titel ___________ DOLBY B ___ DOLBY C ___ DNL ___ STEREO ___ MONO ___ Fe ___ Cr ___ FeCr ___ Metal ___		
	Titel ___________ DOLBY B ___ DOLBY C ___ DNL ___ STEREO ___ MONO ___ Fe ___ Cr ___ FeCr ___ Metal ___		
	Titel ___________ DOLBY B ___ DOLBY C ___ DNL ___ STEREO ___ MONO ___ Fe ___ Cr ___ FeCr ___ Metal ___		
	Titel ___________ DOLBY B ___ DOLBY C ___ DNL ___ STEREO ___ MONO ___ Fe ___ Cr ___ FeCr ___ Metal ___		
	Titel ___________ DOLBY B ___ DOLBY C ___ DNL ___ STEREO ___ MONO ___ Fe ___ Cr ___ FeCr ___ Metal ___		

<table>
<tr><th>NUMBER</th><th>TITLE &
NOISE</th><th colspan="2">CONTENT</th></tr>
<tr><th></th><th></th><th>A</th><th>B</th></tr>
</table>

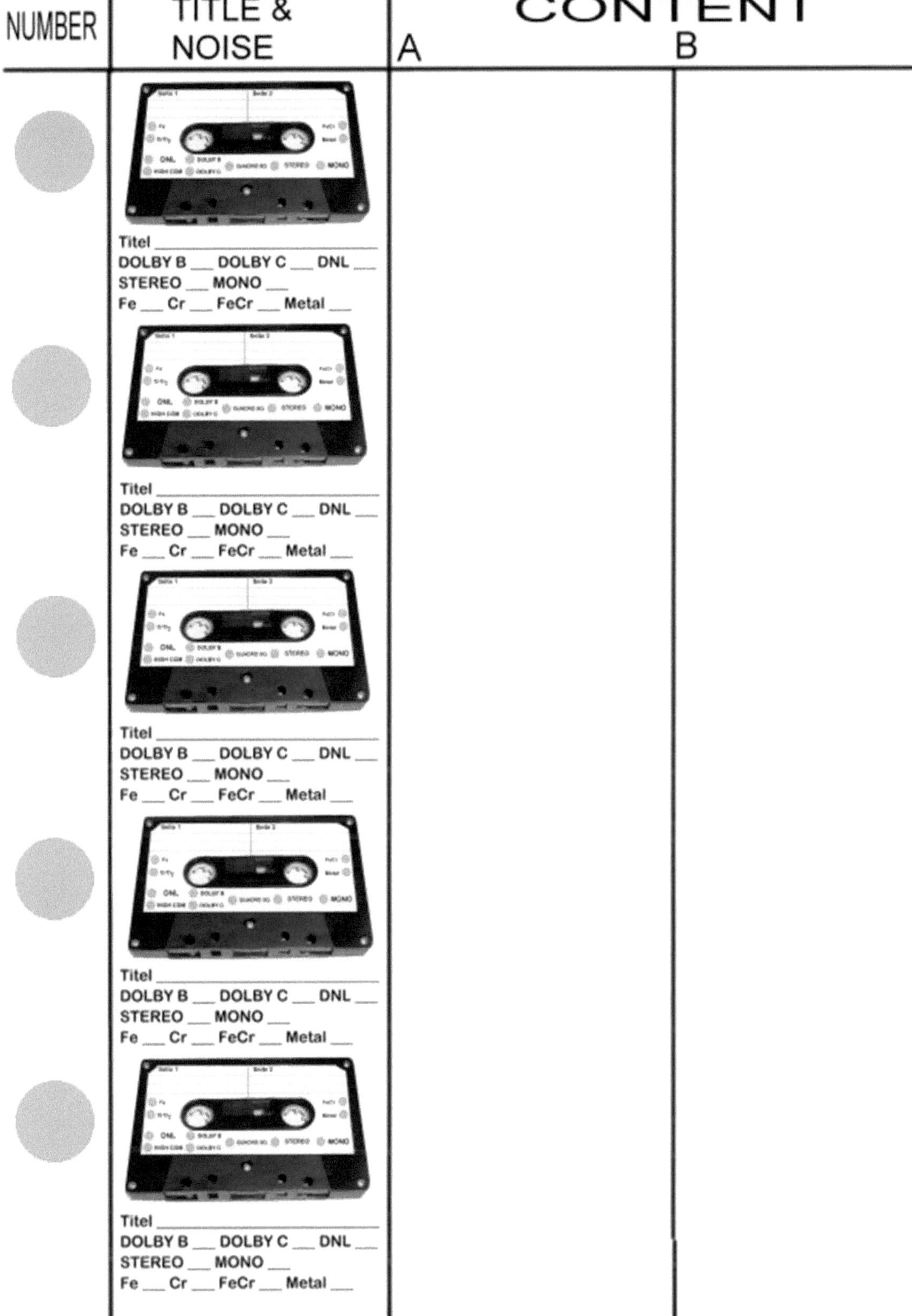

Titel ______________________________
DOLBY B ___ **DOLBY C** ___ **DNL** ___
STEREO ___ **MONO** ___
Fe ___ **Cr** ___ **FeCr** ___ **Metal** ___

Titel ______________________________
DOLBY B ___ **DOLBY C** ___ **DNL** ___
STEREO ___ **MONO** ___
Fe ___ **Cr** ___ **FeCr** ___ **Metal** ___

Titel ______________________________
DOLBY B ___ **DOLBY C** ___ **DNL** ___
STEREO ___ **MONO** ___
Fe ___ **Cr** ___ **FeCr** ___ **Metal** ___

Titel ______________________________
DOLBY B ___ **DOLBY C** ___ **DNL** ___
STEREO ___ **MONO** ___
Fe ___ **Cr** ___ **FeCr** ___ **Metal** ___

Titel ______________________________
DOLBY B ___ **DOLBY C** ___ **DNL** ___
STEREO ___ **MONO** ___
Fe ___ **Cr** ___ **FeCr** ___ **Metal** ___

NUMBER	TITLE & NOISE	CONTENT	
		A	B
	 Titel ___ DOLBY B ___ DOLBY C ___ DNL ___ STEREO ___ MONO ___ Fe ___ Cr ___ FeCr ___ Metal ___		
	 Titel ___ DOLBY B ___ DOLBY C ___ DNL ___ STEREO ___ MONO ___ Fe ___ Cr ___ FeCr ___ Metal ___		
	 Titel ___ DOLBY B ___ DOLBY C ___ DNL ___ STEREO ___ MONO ___ Fe ___ Cr ___ FeCr ___ Metal ___		
	 Titel ___ DOLBY B ___ DOLBY C ___ DNL ___ STEREO ___ MONO ___ Fe ___ Cr ___ FeCr ___ Metal ___		
	 Titel ___ DOLBY B ___ DOLBY C ___ DNL ___ STEREO ___ MONO ___ Fe ___ Cr ___ FeCr ___ Metal ___		

<table>
<tr><th>NUMBER</th><th>TITLE &
NOISE</th><th>A</th><th>CONTENT
B</th></tr>
</table>

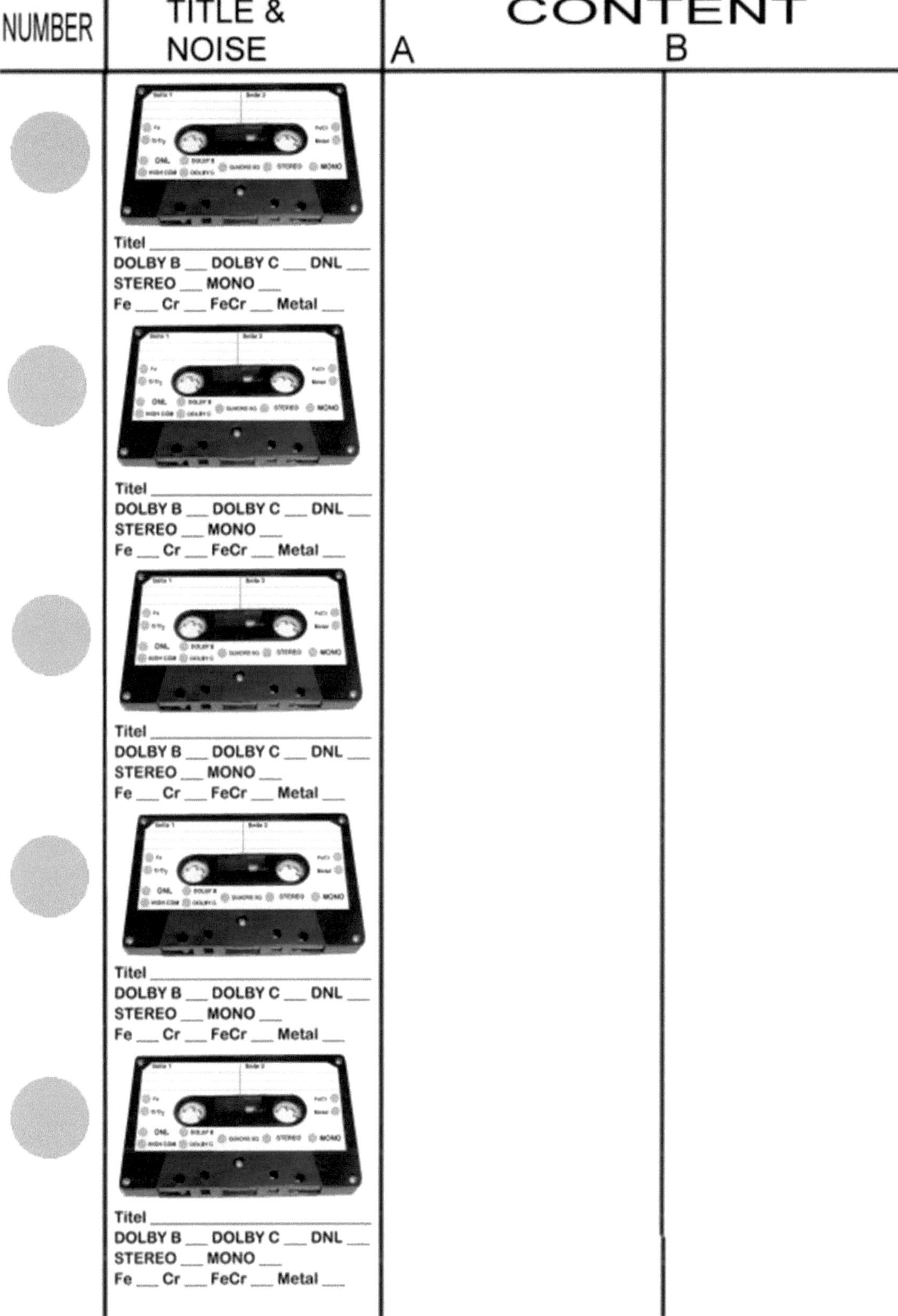

<table>
<tr><th>NUMBER</th><th>TITLE &
NOISE</th><th colspan="2">CONTENT</th></tr>
<tr><th></th><th></th><th>A</th><th>B</th></tr>
</table>

Titel ________________________
DOLBY B ___ DOLBY C ___ DNL ___
STEREO ___ MONO ___
Fe ___ Cr ___ FeCr ___ Metal ___

Titel ________________________
DOLBY B ___ DOLBY C ___ DNL ___
STEREO ___ MONO ___
Fe ___ Cr ___ FeCr ___ Metal ___

Titel ________________________
DOLBY B ___ DOLBY C ___ DNL ___
STEREO ___ MONO ___
Fe ___ Cr ___ FeCr ___ Metal ___

Titel ________________________
DOLBY B ___ DOLBY C ___ DNL ___
STEREO ___ MONO ___
Fe ___ Cr ___ FeCr ___ Metal ___

Titel ________________________
DOLBY B ___ DOLBY C ___ DNL ___
STEREO ___ MONO ___
Fe ___ Cr ___ FeCr ___ Metal ___

NUMBER	TITLE & NOISE	CONTENT A	B
	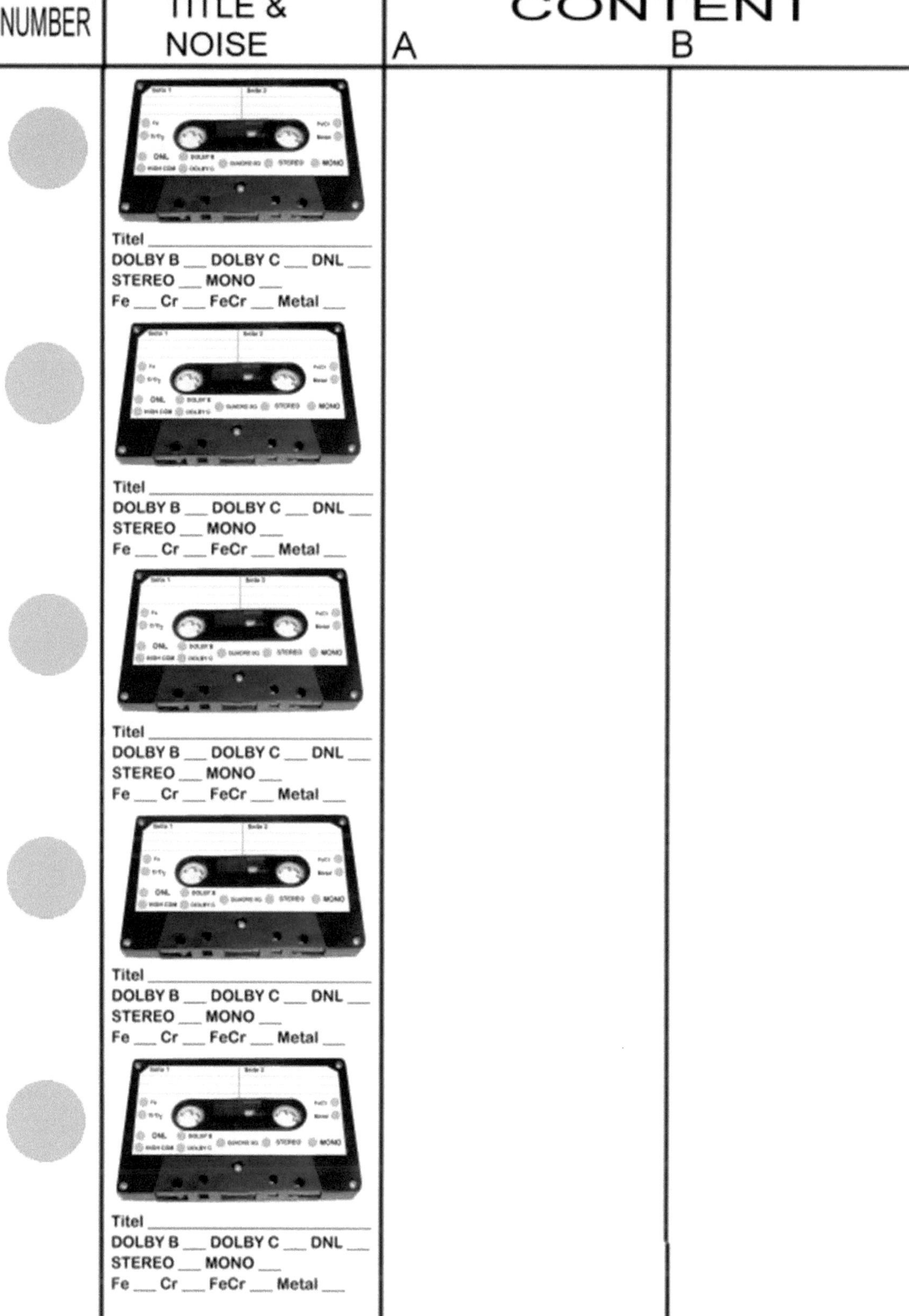

Titel _______________________
DOLBY B ___ DOLBY C ___ DNL ___
STEREO ___ MONO ___
Fe ___ Cr ___ FeCr ___ Metal ___

Titel _______________________
DOLBY B ___ DOLBY C ___ DNL ___
STEREO ___ MONO ___
Fe ___ Cr ___ FeCr ___ Metal ___

Titel _______________________
DOLBY B ___ DOLBY C ___ DNL ___
STEREO ___ MONO ___
Fe ___ Cr ___ FeCr ___ Metal ___

Titel _______________________
DOLBY B ___ DOLBY C ___ DNL ___
STEREO ___ MONO ___
Fe ___ Cr ___ FeCr ___ Metal ___

Titel _______________________
DOLBY B ___ DOLBY C ___ DNL ___
STEREO ___ MONO ___
Fe ___ Cr ___ FeCr ___ Metal ___ | | |

NUMBER	TITLE & NOISE	CONTENT A	B